Experience
on Demand

超现实

[美] 杰里米·拜伦森 著
（Jeremy Bailenson）

/

汤璇　周洋　译

中信出版集团 | 北京

图书在版编目（CIP）数据

超现实 / （美）杰里米·拜伦森著；汤璇，周洋译
. -- 北京：中信出版社，2020.5
　　书名原文：Experience on Demand
　　ISBN 978-7-5217-1425-8

　　Ⅰ . ①超… Ⅱ . ①杰… ②汤… ③周… Ⅲ . ①虚拟现
实—研究 Ⅳ . ①TP391.98

中国版本图书馆 CIP 数据核字 (2020) 第 022410 号

超现实

著　　者：［美］杰里米·拜伦森
译　　者：汤璇　周洋
出版发行：中信出版集团股份有限公司
　　　　　（北京市朝阳区惠新东街甲 4 号富盛大厦 2 座　邮编　100029）
承 印 者：北京通州皇家印刷厂

开　　本：787mm×1092mm　1/16　　　　　印　　张：15.75　　　字　　数：220 千字
版　　次：2020 年 5 月第 1 版　　　　　　　印　　次：2020 年 5 月第 1 次印刷
京权图字：01-2019-7564　　　　　　　　　广告经营许可证：京朝工商广字第 8087 号
书　　号：ISBN 978-7-5217-1425-8
定　　价：59.00 元

对本书的赞誉

"凭借敏锐的智慧和清晰的思路,杰里米·拜伦森巧妙地调查了这种独特而强大的媒体现状。这本引人入胜的书向我们展示了虚拟现实作为共情机器的巨大潜力,它可以改变世界,同时也让我们清楚地了解其隐患和局限性。"

——劳伦娜·鲍威尔·乔布斯,爱默生基金会主席

"什么是虚拟现实?每个人都在谈论它,但很少有人真正深入这些有美感的、精心设计的模拟。杰里米·拜伦森带你超越了那些天花乱坠的夸大宣传,带你了解虚拟现实通过深刻和共情的方式来提升我们生活的方方面面……从我们如何沟通到如何娱乐。任何对我们生活的世界充满好奇的人都应该阅读本书。"

——简·罗森塔尔,制片人兼翠贝卡电影公司
联合创始人

"无论是硬件设计和市场动态的高级议题,还是人类交互和行为的细节,杰里米·拜伦森对虚拟现实的了解都是无人可比的,这本书也不例外。这本书包含与虚拟环境中的人类体验相关的基本见解和信息,将成为虚拟现实体验设计者的必备阅读材料。"

——菲利普·罗塞德尔,"高保其"VR虚拟应用和
《第二人生》游戏创始人

目　录

绪论：VR 是什么？

马克·扎克伯格即将开始他的虚拟现实初体验。

这是 2014 年 3 月的一天，我跟扎克伯格来到斯坦福大学虚拟互动实验室（VHIL）的多感官室，他希望体验一下我们实验室的虚拟现实技术（简称 VR）。在他即将开始体验之前，我对他将使用的头戴式显示器做最后的调整，设备很大也很昂贵，看起来像头盔，却可以让戴上它的人身临其境地进入另一个世界。他眼前突然一片漆黑，他不停地询问我实验室中硬件设备的技术参数，如设备显示器的分辨率、图片更新速率等。他是个博学且对新鲜事物充满好奇心的人，在来之前显然做了很多功课。他今天来的目的是体验当下最先进的虚拟现实技术，而我则想跟他讨论将虚拟现实应用到类似 Facebook（脸书）的社交媒体网站的可能方式。

斯坦福大学鼓励学者们"走出去"，希望他们在其他学者之外，也与各个领域的决策者分享自己的科研成果。我经常与商界领袖、外国政要、记者、名人等对虚拟现实经验充满好奇的人分享我们实验室的神奇之处。扎克伯格在教育、环境和共情研究等方面表现出巨大的投资兴趣，我们实验室在这些方面开发的虚拟现实应用正是我那天打算展示给他的。但首先，我向他展示了我的实验室能做什么。

我通常都让访客从"走木板"（walk the plank）开始，这是最有效的、让访客体会到好的虚拟现实技术所能带来的那种"在场感"的方法——我们实验室在虚拟现实技术领域处于世界领先地位。这个体验的设计刚开始是地板突然晃动,体验者手上的触觉传感设备开始给他刺激;听觉方面,我们使用 24 个音箱对声音做空间化处理;同时我们用一个配备液晶屏幕的高清头戴式显示器与固定在墙上的、用来采集体验者在房间内行走时其头部和身体动作相关信息的摄像头相连,这些信息随后经过计算机处理,最终生成一个互动的电子空间。人们可以在这个空间里体验任何能想象到的事——飞到城市的另一边、与鲨鱼游泳、进入非人类的身体、站在火星表面等,任何通过编程可以实现的东西都可以做成虚拟现实模拟。

显示器亮起来,扎克伯格再次看到多感官室,这次我和我的助理没有出现在他的视野范围里,房间变得不那么清晰,清晰度类似高清电视出现之前的电视机,但是房间很完整,铺有地毯的地板、门、墙,一应俱全,这些共同构成了实验室的一个拟像。扎克伯格晃动自己的头部,开始尝试起来,所有的东西在他眼前掠过,就像现实生活中一样。他前后走了几步,视野所及,虚拟镜像随之调整,一切看起来都很自然。他说,"很魔幻。"我领着他走到地板上(我需要一直为他引路,因为在体验虚拟现实的过程中人们很容易撞到现实中的东西),并让我的助理开启程序:"我们开始吧。"

从控制室的屏幕上,我可以观察扎克伯格的一举一动以及他视野中的镜像。突然,扎克伯格听到一声巨响,地板剧烈晃动,他脚下的虚拟平台突然飞了出去,他发现自己站在飘浮在空中大概 30 英尺[①]高的一个木板上,远远地与 15 英尺外的另一块木板相连。他弯下腿,手不自觉地放在心脏的位置,他感叹道,"啊,这很吓人。"这时,他的压力指数

①　1 英尺 =30.48 厘米。——编者注

已经发生明显变化，心跳加快，手心开始出汗。他明知自己在一个大学实验室中，但他的感官系统告诉他，他现在在一个离地面高到足以让自己摔死的高度，必须保持平衡。他体会到了"在场"的感觉，那是一种只有在虚拟现实中才有的独特感受。

在做虚拟现实实验和呈现的近 20 年间，我目睹过上千次人们第一次体验虚拟现实环境的情形。眼前的场景不同，人们反应各异：有的人倒吸一口气，有的人开怀大笑，有的人害怕到大哭，有的人在看到自己正在撞向一堵墙时拼命挥手保护自己。曾经有个资历深厚的美国联邦大法官从虚拟平台上"摔了"下来，为了抓住"石壁"求得生存，他硬是撞向了实验室里的桌子；在翠贝卡电影节的一次演示中，某饶舌歌手四肢触地爬行着通过木板；当然，大部分时候，他们只是惊奇地站着，嘴巴微张，环顾四周，为眼前的世界感到惊奇：这个世界虽然是数字成像形成的，感觉起来却很真实。

体验这个场景的人都有一种很神奇的感受：无论你有多充分的心理准备，初次体验依然会让你大吃一惊。想象一下，你很清楚自己来参与体验这样一个项目，这一切都不是突然的，而是你有所预期的；事实上，你可能刚刚目睹了上一个体验者的表现，甚至被逗笑了。你通过投影投射看到他们站在悬浮于空中的木板上的样子，看到他们弯下腿，蹲下身子，为了达到更好的平衡而张开双臂；看到他们小心翼翼步履蹒跚地走在一根通过数码呈现的、只存在于他自己脑中的木板上；看到一个人站在实验室中央，头戴笨重的设备，尝试着弯腰看眼前根本不存在的深渊。

这确实很有趣，但当你自己戴上头戴式显示器后，刚刚你脚下还是坚固的地板，现在突然变成致命的深渊，你只能依靠一块木板通行，一切就不那么有趣了。也许就像约三分之一尝试过这一情境的体验者一样，当我让你往前踏一步时，你会拒绝，并站在原地一动不动。

虽然不容易，但扎克伯格还是通过了那块木板。他走到另一个平台后，我运行了一个程序，随后他身上长出了第三只手臂，而他必须学会用自己的四肢操作这第三只手臂。紧接着他像超人一样飞起来。我们让他的化身进入一个老人的身体，将它引导向一面镜子，从镜子中，他能看到自己这个奇怪的分身的一举一动。紧接着我又启动另一个程序，让他进入鲨鱼的身体，绕着一株珊瑚游泳。他说："做一只鲨鱼感觉还不错。"几分钟之后他感到已经眩晕了——虚拟现实体验会给身体带来很大的负荷，即使是目前最好的设备，使用者在使用约 20 分钟后也会感到眼睛疲劳和头部不适。

他在我们的实验室一共待了两个小时。我们讨论了虚拟现实心理学的相关研究，以及为什么我确信虚拟现实的独特力量，如果得到很好的开发和利用，它能让人变得更好、更具有同理心，能提升人们的环保意识和工作效率。我们还探讨了虚拟现实将如何改善教育质量和可及性，如何让那些无法亲身旅行的人不出门也可以览尽世界风光——或站在群山之巅，或感受赤道的温度，或在一天的疲惫工作之后在海边冥想沉思。我们还可以通过虚拟现实与远在他乡的家人共享这些体验。

这里的"体验"是对你坐在椅子上或站在一个小的空间里，戴上头戴式显示器、与数码环境产生的互动的综合。体验是在"现实世界"中发生的事情。你的的确确做了某件事。在我们对这个术语的传统理解中，体验"来之不易"，它是智慧的源泉、是"最好的老师"。我们重视它，因为我们知道亲身体验是我们学习和理解世界最有力、最有效的方式。

当然，你也许会认为，尽管媒介化的体验会给我们带来影响，但它们远没有现实经历那么有力量。物理世界与我们在电影或电子游戏等多感官媒介中所体验到的经过处理的、抽象的现实存在巨大的差异，而且我们能轻松地将这些表现形式和现实区分开来。这都是事实。但是在虚拟技术条件下，"真实"体验和中介化体验之间的不同会变得更小。这两者并不十分相同，但虚拟现实在心理上比任何一种媒介都强大得多，并且有望大大改变我们的生活。我们只需要点击一下按钮即可瞬间开始任何形式的体验。上一分钟你还坐在椅子上，下一分钟就可以去跳伞，参观古罗马遗址，或是站在海底。不久之后，你就能够与家人、朋友或刚认识的居住在地球另一端的人远程分享这些经历。

虚拟现实不仅可以让我们获得难得的体验，还能让我们看到不可能的事物，奇妙的事物，能让我们以新的方式看待现实世界，让我们去思考之前甚至无法想象的情景。你可以变得非常小，小到可以进入一个细胞的细胞核内，或是变得非常大，飘浮在太空中，手里捧着各个星球。你能够化身成别的种族、性别，或者从一只鹰或鲨鱼的角度看世界。

虚拟现实和观看视频存在巨大的、质的差异。好的虚拟现实给人的感觉很真实。如果设计得当，虚拟现实体验——激烈、美丽、暴力、感人、教育性或其他任何你选择的特质——感觉起来都会很真实，让你感觉身临其境。跟现实体验一样，它也有让我们产生持久而深刻变化的潜力。

在扎克伯格来访的当天，我们还讨论了虚拟现实技术的缺点。像其他革命性的技术一样，虚拟现实也会带来巨大的风险。当虚拟现实成为主流技术时，它可能给用户身心健康带来威胁；某些虚拟体验给我们的文化带来很多负面效应。我谈及了如今随处可见的幻想世界、色情和电子游戏相关产品对人的强烈诱惑，及其带来的代价，并指出在沉浸式媒体技术条件下，这些代价将会加倍。在更加日常的层面也同样会发生令人担忧的事情，比如无数人可能会一头撞到墙上或者咖啡厅的桌上，因为他们的头戴式显示器播放的影像占据了他的整个视野。

我与扎克伯格会面的几周之后，Facebook 斥资 20 亿美元收购了一家名为 Oculus 的小型合资公司，此举震惊了技术圈。该公司由一个 21 岁自学成才的工程师创立，他曾受到过头戴式显示器领域的天才马克·博拉斯的指导。在此之前，该公司制作了一款轻量级的虚拟现实头戴式显示器 Oculus Rift，由智能手机屏幕和一些智能运算简单整合而成，它重新点燃了科技迷和玩家对虚拟现实的兴趣。克里斯·迪克森是硅谷顶级风投公司安德森·霍洛维茨的投资人，他曾说："我看过很多非常有未来感的技术雏形，比如苹果二代（Apple II）、苹果电脑（the Macintosh）、网景浏览器、谷歌以及眼前这个 Oculus Rift。"[1]

尽管在表现上，这款消费级虚拟现实设备无法与我实验室中配备的最先进的硬件设备相比，但它解决了困扰以往消费级虚拟现实设备的主要问题——容易让使用者感觉恶心和产生延迟感。此外，其成本可以控制在 300 美元以下，大幅低于我们实验室造价近 3 万美元的设备，往消费级这个目标又迈进了一步。几经波折，期待已久的、平价好用的虚拟现实设备总算出现了。

Facebook 的收购激发了虚拟现实领域 20 余年来空前的创新、增长和激情，这一趋势仍在继续。在那之前，只有少数能接触到大学和军事设施以及医院和公司的研究实验室的人才有机会体验虚拟现实技术，虚拟现实技术主要被应用在培训、工业设计、医疗等领域。2014 年下半年，谷歌发布了"Cardboard"（纸盒眼镜）平台，借助这一平台，很多使用最新款智能手机的人只需要花 10 美元就可以将手机变成虚拟现实头戴式显示器。这为用户提供了成本极低的，虽然有局限但依然让人很惊喜的虚拟现实体验。一年后，三星公司也推出类似的产品，名为 Gear，因其塑料外壳中配备了旋转跟踪系统，成本略有提高。像谷歌纸盒眼镜和三星的 Gear 这样的入门级系统，通常只能提供 360 度视频或非常有限的沉浸式体验，其技术上是否算作合格的虚拟现实设备仍存争议。对于完美主义者而言，虚拟现实设备要具有动作追踪功能和可以置身其中的数码环境。而本书中，我所指的虚拟现实更广泛，即能提供各种沉浸式体验的技术。

2016 年的感恩节对我而言非常不同。电视上传统的足球节目中充斥着虚拟现实设备的广告。不仅有推出了一年多的三星 Gear，还有名为 Daydream 的第二代谷歌虚拟现实系统，以及承诺要革新游戏的索尼 PlayStation VR。实际上索尼与塔可钟（Taco Bell）公司进行了一次跨界营销活动。我猜想这是虚拟现实正式成为主流的最终标志。

在更高端的市场上，面向硬核技术爱好者和游戏玩家，更加昂贵的虚拟现实系统（售价约 2 000 美元，包括能够运行该系统的强大计算机）正要开始发布。引领这一潮流的是 HTC Vive 和大家期待已久的 Oculus Rift。与 Cardboard 和 Gear 偏被动的虚拟现实系统不同，这些更高端的系统可以提供更强烈的沉浸式体验，且更接近实验室的条件，就像我在斯坦福大学的那台一样。结合提供触摸和游戏控制器的触觉装置，它们可以实现与数码世界的交互体验。

这个时代，在虚拟现实领域工作是激动人心的。这种新硬件的出现正刺激着创新和内容的爆炸式增长，艺术家、电影制作人、记者和其他人都在试图弄清楚这个媒介的运作机制。投资者对此也很乐观，不止一支专注科技的投资队伍预测虚拟现实将成为主流技术，在未来十年内这一产业的估值将达到 60 亿美元。[2]

当然，这并不意味着未来几年虚拟现实技术发展会一路平坦，也不意味着技术本身不再有局限性。高端产品价格依然昂贵，设备本身依然庞大笨重，长时间盯着眼前几英寸[①]的屏幕依然会导致眼睛疲劳，有些人在使用过程中还是会出现晕动症。要实现房间规模的虚拟现实——人们可以在其中走动的真正的沉浸式体验，还需要配备一个专门的房间，或大量的空间，而大部分人家里并没有这样的条件。这些是虚拟现实设备设计师试图将产品推向市场时会面临的一些障碍，而过去几年技术的巨大进步让人看到，这些挑战是可以解决的。

---

① 1 英寸 =2.54 厘米。——编者注

然后是实际佩戴设备的问题。"谁会戴这样的设备？"有人质疑的谷歌大肆宣传的现实增强眼镜（谷歌眼镜）也的确在消费者处遭遇了滑铁卢。因该款眼镜能够不间断地记录视频和音频，导致它被很多人拒之门外。人们甚至觉得它反社会，因其让某人看似在跟现实世界互动，实际上却在查看电子邮件。虚拟现实并不打算融入某人的日常生活。至少短期内，虚拟现实头戴式显示器仍会出现在电脑或者游戏系统旁边，以实现使用者的虚拟现实体验以及在虚拟现实环境中与他人交流。或许一个人正在网上浏览的文章附带虚拟现实内容，你的哥哥会把你侄子毕业典礼的虚拟现实视频传给你，又或者你决定观看 NBA（美国职业篮球联赛）总决赛的精彩片段，就像坐在场边座位一样——你只需要戴上虚拟现实设备 15 分钟左右。确实，目前来说戴着头戴式显示器使用互联网的想法似乎很古怪，但好几年前，每个人都盯着 iPhone 手机、用 Skype（一款社交软件）聊天或者在街道上走路时戴着巨大的降噪耳机，大家同样觉得奇怪。一旦人们体验了虚拟现实技术带来的好处，头戴式显示器就不会显得那么古怪了。

而这些都意味着，对于广大消费群体来说，高强度的虚拟体验的到来比许多人期待的还要快。研究虚拟现实几十年后，我可以告诉你，这可没那么容易。虚拟现实不是对现有媒体形式的增强，譬如将电影 3D 化或者电视彩色化。它是一种全新的媒体，具有自己独有的特征和心理效应，它将彻底改变我们与周围真实世界以及与他人互动的方式。

然而，即使所有这些新内容和技术都能在未来几年内发布，也很少有人能够理解该技术是如何运作的，它如何影响大脑，以及它有什么用。这就是我写这本书的原因。

写作本书并不是为了让读者了解虚拟现实技术的最新趋势——那些都是徒劳，因为事物变化得太快了。但当下，我们正处于一个思考虚拟现实可以做什么以及我们希望它做什么这些问题的好时机。因此，本书着眼于虚拟现实技术如何让人们以卷入程度更高的方式在虚拟世界栖息、与虚拟世界互动的特性，讨论为人类提出的更大的（社会）问题，我的讨论将主要聚焦在积极的方面。

当然，对发展中的技术未来将如何影响文化的思考只能是猜测。2016 年的技术大会上，有人提醒了我这点。当时我和苹果公司的联合创始人史蒂夫·沃兹尼亚克一起发表了演讲。他对虚拟现实很兴奋——他的第一次 HTC Vive 体验让他起了一身鸡皮疙瘩。但他也提醒我不要太过强调个案。他讲了他早年在苹果公司的故事，以及当他和乔布斯做 Apple Ⅱ 时，他们是如何设想计算机爱好者在家庭场景中使用这些计算机的，他们认为用户会用它来玩游戏，或用于储存和调用食谱。但结果它更擅长一些意料之外的用途。电子表格程序出现后，销量的确突飞猛进，突然之间人们就可以在家办公了。根据沃兹尼亚克的说法，他和乔布斯给了 Apple Ⅱ 一个错误的定位。尽管他们清楚自己创造出了革新性的产品，但他们弄错了革新的点。虚拟现实技术也是一样，几乎每个人在第一次尝试时，都能感受到这个技术的重大性和重要性。但我们仍在努力弄清楚它的革命性力量到底在哪里。我 91 岁的祖父的反应非常好地说明了这一困境：从事了多年的虚拟现实开发，我终于说服他尝试了 Oculus Rift 的一些演示样本。几分钟后，他把它摘了下来，没有太多惊讶，耸了耸肩，然后说："我用这个干吗呢？" 他说这话并不带贬义，他只是不明白这项惊人技术的精彩点在哪里。

消费级虚拟现实的到来如同一辆货运火车。它可能需要两年，也可能是十年，但是大规模运用平价而强大的虚拟现实技术，加上内容方面的大力投入，将会催生一大批触及我们生活方方面面的应用。几十年来为科研人员、医生、工业设计师、飞行员以及其他许多人所知道的强大效应，即将成为艺术家、游戏设计师、电影制作人、记者，最后到普通用户的工具，他们可以通过软件来设计和创造他们自己的定制体验。然而目前，虚拟现实还没有相应的规范，人们对其理解也很少。于是，有史以来最具心理影响力的媒体正在接受大家的检验，不是在学术实验室内，而是在全世界无数个客厅里。

我们每个人都在这一技术的形成和发展过程中发挥着作用。本书中，我想鼓励读者更深入地了解虚拟现实的应用——了解一下最近的游戏和电影产品，并思考那些虚拟现实将如何改变人们的生活。我希望帮助读者了解作为一种媒介的虚拟现实，并描述在我近二十年的虚拟现实研究中观察到的一些重点。这样我们就可以在技术发展的初期负责任地使用它，为自己提供最有利的体验，让我们所栖身的世界变得更美好。而负责任地使用虚拟现实技术最好的方法就是理解它。

这在人类媒介史上是一个独特的时刻，虚拟现实这一强大且相对年轻的技术正在从工业和学术研究实验室转移到世界各地的客厅。尽管我们因为虚拟现实能让人们做成一些不可思议的事情而感到惊讶，但这一技术广泛使用带来了独特的机遇和挑战。对于这项技术，我们要了解哪些内容？使用它的最佳方式是什么？它会带来哪些心理效应？道德和实用性的考量和边界是什么？它将如何改变我们学习、游戏以及与其他人交流的方式？它将如何改变我们对自身的看法？

如果有无限的可能，我们想要体验什么？

第一章

VR世界，发掘你的无限潜能

Experience on Demand

时间回到 2014 年，当时美国大学生橄榄球联赛"福斯特农场碗"正在进行，对阵双方是斯坦福大学队和马里兰大学水龟队。赛程中斯坦福大学队的教练给出"95 Bama"的口令示意球员使用跑动战术，这意味着当四分卫凯文·霍根把球传给他的跑卫之后，队里的外接手需要阻截对方的安全卫。对霍根而言，这只是当天他发动的一次普通进攻。战术队形列队之后，霍根注意到对方阵型发生了微妙的变化——对方的安全卫开始变换自己的位置，这破解了他们的关键防卫战术。霍根意识到，如果他无法在发球前的几秒钟内改变战术，对方的破解将会成功，他所效力的斯坦福大学队将会因此输掉比赛。球场上这样的时刻就需要四分卫能够训练有素地进行应对和决策。霍根果断放弃原计划，转而采用完全不同的跑动战术。这一新的战术为跑卫雷蒙德·莱特攻破对方的防守提供了机会。

　　这一决定的结果是斯坦福大学队获得了 35 码的领先，而这只是当天霍根为斯坦福大学队的大获全胜做出的诸多小决定之一。事后，当有记者问霍根是如何在紧张的赛事进程中仅花几秒钟时间就迅速做出反应，最终化危机为转机时，他说："这很容易。"他对水龟队当时的突击阵型已经了如指掌。事实上，斯坦福大学队在 2014 年赛季早些时候就开始借助虚拟现实技术进行训练，而霍根已经通过这一技术无数次地模拟了当时的场景。[1]

提到一流大学或职业的橄榄球赛事，映入很多人脑海的通常是肉体的勇猛搏击和令人惊叹的成绩。周末几个小时的赛事非常紧张，毫不退让的阻拦、优雅的接球、熟练的传球达阵以及比赛中展示的各式高超的运动技巧都可以让球迷们大呼过瘾。这些内容在 ESPN（娱乐与体育节目电视网）和 YouTube（视频社交网络）上的热门片段集锦中都能看到。但是，由于这些平台更倾向于展示比赛中那些挑战人类生理极限的内容，普通球迷很容易忽略一件事情，即在高级别的橄榄球赛事中，无论是对教练，还是对普通球员来说，都需要很高的智慧。这一点从球队的备赛训练中可见一斑：很多其他团体项目的运动员通常只需要做一些训练或争球练习，而橄榄球队的训练通常更加乏味，大量的时间都花在观看赛事影片、研究战术上，目的是让队友学会教练设计的全面而有针对性的进攻策略。

在橄榄球圈子里，研究学习这些战术的过程被称为"加载"。这种说法把球员当成需要安装新的操作系统的电脑，但事实并非如此。学习进攻战术并不是一个被动的过程，需要球员长时间严谨而专注地学习：从早到晚，从周一到周六，寒来暑往，往复循环。球员们要更好地记住这些错综复杂的方案和计划，做到了然于心，并在比赛时下意识地迅速做出反应，唯一的办法就是长期反复地训练。对球队来说，想要成功，正确而有效地开展训练至关重要。因此，在大学或职业橄榄球联赛这类大赛事中，球队通常会投入大量的时间和财力优化训练系统。在所有球员中，四分卫能否将训练内容付诸实践尤为关键。

卡森·帕尔默是美国职业橄榄球大联盟（NFL）的老将。每到赛季，亚利桑那红雀队的四分卫和教练员都会将原本有 250 个战术的战术手册缩减成 170 个。[2]而后对每一个战术仔细进行研究、记忆。研究和记忆的内容不仅包括基本阵型、球员位置及其队友的动作，还包括所有与此相关的信息：面临特定的对手时防守的策略应该是什么？如果对方换了防卫阵型，四分卫应该怎么应对？传球时，四分卫首先跟哪个接球员接触？在迫不得已的情况下该怎么处理？钻研每一个战术的时候，都需要研究这些意外情况的处理方法，要学习的东西多如牛毛。为了在周日比赛完成这些，帕尔默已经养成严格自律、持续学习的习惯。赛季期间的每个星期，帕尔默和其他顶级四分卫都像那些在考试周恶补以应付考试的学生一样，不同之处在于，他们的考试会被转播给亿万观众，第二天ESPN和体育广播将会对他们的表现进行不留情面的剖析。

帕尔默通常在每周二晚上开始他的"恶补"，教练会在此前将本周比赛（通常在当周周日或次周周一）的战术书准备好。在周三到周五的训练中，球队会将这些战术全部练习一遍，通常这一过程会被录像并进行数字化存档，以供球员训练之余在电脑或平板电脑上反复观看，直到了然于心为止。但是从2015—2016赛季开始，亚利桑那红雀队上马了凯文·霍根早在2014年在斯坦福大学队就已经用上的虚拟现实技术。早晚训练之前，帕尔默都会戴上新的训练系统配备的头戴式设备，观看由360度无死角相机在他训练时抓取和拍摄的影像资料片段。当帕尔默在家戴上头戴式显示器时，他仿佛立刻置身于训练场，每一个动作就像他在球场上亲眼所见般精准地在眼前掠过。对越来越多像帕尔默一样的职业四分卫，甚至包括大学联赛和高中球队的四分卫而言，虚拟现实技术真切地改变着比赛。

在帕尔默的橄榄球职业生涯中，他使用过许多不同的技术。20世纪90年代末他还是个高中生，当时他用的是经典的、侧面有三个活页扣的战术书，书中有好几百页X型和O型的战术阵型图；后来，胶片技术变得十分普遍，体育场上方记者席里的摄像机会将训练和比赛的过程拍摄下来，供球员回看学习；再到后来，尽管基本技术并没有太大的变化，但是视频质量在提高，摄像机数量也有所增加。如帕尔默所在的南加州大学在校级赛事转播中启用了多组摄像机，这使得通过视频进行多角度、更加接近现场观察式的实景回顾和学习成为可能。但是视频素材数量随之激增，加上素材仍是以模拟格式存储（而非现在的数字格式），这使得寻找特定场次比赛的影像资料变得很困难。

帕尔默仍然记得那些采用模拟格式存储的老式摄像机所用的录像带搞得他晕头转向的时光，他说："（当时）如果你想找到首攻的镜头，或是红区，或是首攻 10 码的镜头，就要把这一整叠录像带都看一遍……当时没有现在的数字化分类。现在只需要输入关键词，哗的一下就出来了，这是一个巨大的飞跃。"

我跟帕尔默的上述对话发生在 2016 年 6 月红雀队迷你训练营快要结束之时。在那之前几个月，他迎来了职业生涯的巅峰：他带领红雀队进入美国职业橄榄球大联盟冠军赛，并拿到了球队有史以来的最佳成绩。帕尔默训练所使用的虚拟现实系统是由 STRIVR 实验室设计完成的。作为虚拟现实技术的研究者和实验室的联合创始人之一，我希望能更多地了解帕尔默使用虚拟现实技术时的体验，以及他认为虚拟现实技术是如何让他变成一个更出色的橄榄球运动员的。根据他对上个赛季期间发表文章的评论（这些评论文章在我们的办公室很受欢迎）来看，我认为他对虚拟现实技术很有热情。[3] 他告诉 ESPN 的记者："我彻底迷上了它。不夸张地说，我每天都在用，它已经成为我每周备赛的重要部分。"[4]

我问帕尔默，相比他在职业生涯中使用的其他技术，虚拟现实技术优劣何在。他告诉我，战术手册、平板电脑甚至是比赛视频等技术都已经落伍了，"相比看别人怎么做、看图形和看投影仪，这（虚拟现实技术）太有用了。毫无疑问备赛中它对我帮助很大，能帮助我更快地理解非常复杂的战术系统，此外，我也获得了更多练习的机会。"

"这些演练积累的经验，长期来看将大有裨益。"他接着说。

VR 的工作原理

我们对物理世界的感知随着我们的运动发生变化。当你走近一棵树的时候，树看起来会越来越大；转头将耳朵对准电视机的时候，声音听起来会更大；用手指触摸墙壁，皮肤与墙面接触的时候，手指可以感受到来自墙的反向作用力。我们每做出一个动作，感官系统都有特定的反应。这也是千百年来人类能免受野兽攻击、寻求伴侣、探索世界的方式。

设计精良、运行流畅的虚拟现实技术能在虚拟世界和现实世界之间实现连贯的衔接，两个世界的变化给人们的感受是一样的，没有传统技术所必需的、会给人带来人机界限感的交互界面、各种设备和充满像素点的低质量图画。上一秒刚戴上头戴式设备，下一秒就"到了"别处。这种觉得自己到了由程序所定义的另一个地方的感觉，研究者称为"心理在场"，这是虚拟现实技术的根本特点。设备开启的时候，设备的马达、你的认知系统与虚拟世界的互动，与他们在现实世界中的互动是相似的。相比通过视频资料进行训练，虚拟现实技术帮助帕尔默更快地掌握了战术，这就要归功于"在场"。在场是虚拟现实技术的先决条件。

举个例子，2015 年一家主流媒体的一档新闻节目在我们的实验室里进行了一次录制，主持人没有更换，区别在于这一次他戴着头戴式设备做节目。当时我们录制了一系列内容，与此同时，节目组的工作人员也用三个不同的机位进行拍摄。录制完成最终被选中的样带是被命名为"地震"的系列视频。视频中，主持人站在虚拟的工厂车间中，周围前后 10 英尺左右杂乱地堆积着很多笨重的木箱，每个木箱约书桌大小，堆垛高度直至天花板，摇摇欲坠。

经历过大地震的人都知道地震并不是件好事。好在在这个虚拟的工厂里，主持人左手边有一张非常坚固的、足够高的铁桌，足够主持人藏身其中，这是地震之后自我保护之"伏倒—掩护"的经典范例。我们做这个地震逃生模拟是受美国加州圣马特奥县消防部门主管委托的，希望通过训练肌肉记忆以帮助人们在地震发生后进行自救。

主持人将头戴式设备戴在头上，四处张望。

我问他："你以前经历过地震吗？"

他回答说："没有。"在确认他看到那张桌子之后，我告诉他："你可以用它自救。"

然后我按下启动键，开启程序设定的地震模式。地震模式中，实验室地面上非常坚硬、专为抗震而设计的金属地板开始摇晃震颤，安装在实验室四面墙体中的音响系统发出雷鸣般的轰隆声。通过挂在墙上的显示器我们可以看到他所看到的一切：虚拟工厂中，那些堆积的箱子开始摇晃、倾斜，很明显地在往主持人方向倾倒下去。

很少有人能在如此高强度的刺激下掩饰自己的反应——大多数人会心跳加快，手心出汗。但是对一些人而言，这一刺激强度高到足以使他们的大脑边缘系统超负荷运作，这种现象我们称为"高度在场"。对他们而言，虚拟现实环境的影响尤其大。

这位主持人的表现用"高度在场"来形容可以说是恰如其分。实验室中给他的刺激对他而言在心理上是真实的。他的反应与我们所希望的并无二致——双膝跪地、头着地、双手举起过头，这是遇到地震采取措施以自救的教科书式的反应。我们也可以很明显地感受到他因地震而产生的烦躁。

紧接着不同寻常的事情发生了。在我们的模拟中，箱子的堆积都是相同的，但是在箱子落地的方式、角度的设计上，我们遵循随机原则。在我们的实验室里，已经有上千位参与者体验过这套地震模拟系统。也就是说，对每一位参与者来说，箱子落地的方式都是不同的，有时前倾，有时向后，每次冲撞和弹开的方式都是不一样的。这位节目主持人的版本是之前从未发生过的，可以说他中了头奖，因为有一个箱子完美地坠落并被弹到桌子下面他藏身的地方。一开始只有几英寸的距离，后来不幸还是发生了：其中一个箱子在桌子下的安全区域撞上了他。

他惊恐地大叫，铆足劲头冲了出去。在虚拟世界中，他感觉自己到了安全地带，而现实中，他冲向的是一堵墙。差一点儿就真的撞上了，好在我成功地拦住了他。节目录制开始的时候，他很明确地知道这是虚拟的，并不是真的。但是在当下，"在场"的幻象让他有所行动，在他大脑的反应中，那个箱子好像是真实存在的、会落下来伤害到他。

天普大学的马修·伦巴德教授自 20 世纪 90 年代起从事虚拟现实技术研究，他认为这种"在场"的本质是"无中介幻象"。[5] 从科技角度来看，我们投入大量的时间精力以提高跟踪的准确性、缩短系统等待时间，以及任何能做的来发展虚拟现实技术。但是对于使用者而言，虚拟现实技术只是当他们被困在桌子下面的时候朝他们头部随机砸来的木箱子。

跟踪、渲染与显示

在深入讨论之前，我们需要厘清一些技术上的问题。要创造"在场"的效果，就必须完美地做好三件事情：跟踪、渲染和显示。消费级的虚拟现实技术若想成为可能，根本上是因为这三方面的技术已经成熟，可以以低廉的代价实现，而这一代价大多数消费者都负担得起。这三方面，缺少任何一项消费者都会产生"晕模拟"，所谓"晕模拟"即体验到的东西与眼前看到的东西之间存在延时而产生不愉快的感觉。

跟踪是测量身体动作的过程。在上面提到的地震模拟系统中，我们通过三维空间（即 X/Y/Z 三个坐标轴）定位和跟踪使用者的身体位置和头部转动，如果他向前迈了一步（即 Z 轴取值变大）或是向左看

（即 Y 轴上取值变小），我们则通过坐标系分别测量身体位移和头部转动的幅度。我们在最近发表的一篇文章中综述了这个领域中我们所能找到的所有已经公开出版的数据，希望可以理解虚拟现实技术特有的示能和心理在场之间的关系，以此理解通过技术实现的沉浸式体验对心理干预的益处。我们检视了一系列自变量，包括图像像素、屏显视域和音质等。跟踪技术这一变量的显著性较高，在所有自变量中居于第二位，数值为 0.41，意为中等效果。一般情况下这意味着同等单位的提升，跟踪技术比其他技术带来的心理在场效应更强。[6]实验室中，我们将很多时间精力投入提高跟踪的准确度、速度（以避免延时）和更新速率上。每次我在公开场合谈论虚拟现实技术，我都会讲一个笑话："虚拟现实技术中最关键的五个方面是什么？答案是，跟踪、跟踪、跟踪、跟踪和跟踪。"

渲染指的是通过数字信号模拟的三维模型，根据跟踪到的新位置模拟出适当的景观、声音、触感和气味。在某个特定的时空位置，人们只能以特定的视角观察一本书，稍一转头，观察的角度和距离就会发生改变。虚拟现实技术中，人们每做出一个轻微的动作，场景都需要进行适当的更新以适应新视角的需求。要穷尽所有视角并放在同一个场景中是不可能的，可以做到的是在各种视角之间应势转换。上文提到的主持人，当他伏在地面上的时候，他所看到的每一帧景象都是经过更新而产生的——2015 年我们已经可以做到 75 帧 / 秒。每一帧的更新都需要参考他的准确位置，当他的头离地面越来越近的时候，我们把地板向他的头部拉近、声音逐渐调大（因为轰鸣声从地面发出）。虚拟世界中，人们的体验就像在现实世界中一样，根据人们的动作需要进行无缝更新。

显示指的是用电子信息代替物理场景的方式。当新的位置及其特征通过跟踪和渲染被实现后，下一步是将其传达给使用者。视觉方面，我们使用的是能够传输三维画面的头戴式设备。当这本书出版的时候，典型的头戴式设备将显示 1 200 × 1 000 像素的图像，并以每秒 90 帧的速率进行更新；听觉方面，我们有时候用耳机，有时候用外部设备来增加声音的空间感；触觉方面，我们让地板真的摇晃，有时候我们也用一些所谓的"触觉设备"。

　　长久以来，运动员会借助各种各样的虚拟系统进行训练，虚拟现实在这方面的应用只是这一模式的最新发展。美国发明家、航空爱好者埃德温·林克一生拥有 30 多项发明专利，其中之一便是他在 1929 年发明的林克机。林克机"外观上看酷似飞机机身，配备有驾驶舱和控制系统，能模拟飞行的动作和感觉"。[7] 现在林克机以最早的飞行模拟器为我们所熟知，很多人视其为早期的虚拟现实技术范例。据林克的传记记载，促使他开始这一发明的是他 1920 年第一次上飞行课时所感受到的失望。那节课花了他 50 美元（相当于今天的 600 美元），然而教练竟然都不让他碰一下飞行器的控制系统。站在教练的角度这可以理解，毕竟飞机很贵，生命更可贵。但是人们通常通过实践来学习，所以林克想要自己动手的想法也可以理解。这就提出一个难题：如何在不把人们置于危险的情况下，教会大家学习过程中可能有危险的技能？

　　林克从这一难题中看到了商机。当时正值 20 世纪 20 年代美国的民航热，飞行训练需求正盛。为了让初学者驾驶飞机的时候免于遭受致命的风险，他发明了一个以风为动力的机身，机身可以向三个维度运动，以此给手握控制器的初学者以反馈。他大获成功，军方在 1934 年收购了他的公司，20 世纪 30 年代末这一发明已经在 35 个国家被广泛采用，训练了难以计数的飞行员。到 1958 年，林克估计大约有 200 万名"二战"军用机飞行员在训练中使用了林克机。[8]

　　20 世纪 60 年代声画复刻技术和计算机技术的创新和发展为数字虚拟现实技术提供了基础，并在其后的数十年里催生了一系列的虚拟模拟训练，特别针对诸如宇航员、士兵、外科手术医生等需要高难度技能的工作。虚拟现实技术在这些领域得以应用的原因，与上述飞行模拟器对训练飞行员的重要性是一致的。虚拟现实条件下，犯错误无须付出代价，当在实际工作中进行有较高风险的训练时，这项为负担生死责任的飞行员、战士和外科手术医生所准备的无风险训练获得巨大成功。

随后，虚拟现实技术在训练领域的应用变得更加广泛。20 世纪 80 年代后期至 90 年代，包括南加州大学的斯基普·里佐等在内的虚拟现实技术领域的先锋们，已经开始着手将该技术运用于中风和脑部创伤性病变患者的身体复健，训练人们适应假肢。这些训练系统的设计是为了给使用者以动力，通过带有互动性的设计减少复健过程中重复练习的无聊，有的还会基于病人的运动给出反馈，减少康复训练中可能出现的错误。研究证实，这些实验性疗法极其有效。2005 年，已经有诸多研究证明利用虚拟现实技术进行训练在一系列领域是有效的，但是当时我意识到鲜少有研究将虚拟现实技术与其他训练技术进行比较。考虑到购买使用一个基于虚拟现实技术的训练系统代价高昂，很多产业界人士希望确切地知道他们所付出的成本与所获得的收益相比如何。因此，我与同事一起就虚拟现实技术和视频这一时下在训练中应用最广泛的媒介开展了一次比较研究。

今天大家很容易忘记视听技术的发展给教育带来的革命性贡献，但是试想如果出生在前胶片时代，如果你想在没有人教的情况下学跳舞或打网球，甚至是最简单的肢体动作，你所有可以依赖的资源只有图表，或是文字版 / 语音版的教学材料。任何一个试图遵照文字说明修车的人都能马上明白这是件充满挑战的事情。移动影像诞生之后，通过影片学习的好处已经非常明显了，所以教育性影片与电影几乎同时诞生也不足为奇。比如，1915 年在好莱坞成立的美国教育影像工作室，在转向更赚钱的喜剧短片之前的很多年里就是专门制作教育类音像产品的。[9] 随后，教育 / 指导类音像产品全面开花，深受美国政府的欢迎。20 世纪

70年代后期随着廉价的便携式录像设备的出现，它更是获得了爆炸性增长。

今天，不昂贵的摄像机和手机使得数码摄录技术无处不在，诸如YouTube等的互联网内容分发渠道风靡全球，这使得全世界范围内成千上万的业余人士可以学习自己想学的东西，比如画画、打高尔夫球、修漏水的水龙头、弹奏吉他版《天国的阶梯》主题曲。当然，这种方式肯定比不上私教，在后一种情况下学生可以跟一个活生生的老师互动，老师可以提供个性化的鼓励和反馈。但是相较于请私教，视频学习要便宜得多，而且相对于过往用于学习的技术细节要丰富得多。

在过去一个多世纪的时间里，影片都是用于身体动作指导的最佳技术。现在有了虚拟现实技术，借助"在场"的力量，它可以将虚拟的私教带到你的身边。我很好奇虚拟现实技术"在场"的特性是否以及在多大程度上更利于学习。

于是我们决定以太极拳为研究对象开展一项研究。选择太极拳是因为在学习太极拳的过程中，学习者需要在三维空间里非常缓慢地做出复杂而精确的身体动作，这极大地方便了我们的跟踪。我们将受试者分成两组，各自分配一个老师，同时学习三个相同的动作；不同之处在于，其中一组的老师通过视频资料教授动作要领，另一组则由一个投影在学习者正前方大屏幕上的3D虚拟老师指导（因为涉及肢体动作，我们不希望学习者戴上笨重的头戴式设备）。课程结束之后，参与者被要求凭借自己的记忆展示学习成果，这一过程被拍摄下来，并送到两个训练有素的太极拳动作评鉴师处，就动作的准确程度进行评估。结果显示，虚拟现实技术组比视频组准确程度高出25%。[10]

即使在2005年，我们的渲染系统仍有很多局限的时候，通过虚拟现实技术的沉浸式体验进行肢体动作训练所获得的效果还是比二维的影片要好很多，这一好处我们也可以进行量化分析。太极拳研究告诉我们，基于虚拟现实技术的训练系统在编舞、工作培训和肢体治疗等方面存在巨大潜力；这也让我确信该技术终会成熟，完备的虚拟训练模拟系统会被开发出来，指导使用者学习复杂动作，并提供有反馈的、有互动的指导。这对我来说是个好消息，因为 2005 年之后的 10 年里我们在实验室接待专业体育团队的运动员和执行官员的时候，我经常会被问：如何将这项技术运用在橄榄球、篮球、棒球运动上？当时，基于虚拟现实技术的训练系统只是初步地被运用在高尔夫球和棒球投球上，并非为专业运动员而设计。据我所知，还没有人成功地把虚拟现实技术运用到专业性的体育运动中。

这种情况的出现是有原因的。正如我提到的，直到将近 2014 年，虚拟现实技术必须配备的头戴式设备和电脑还十分昂贵，在像我的实验室那样的环境之外的地方使用还十分困难。此外，编写设置一个虚拟环境本身也非常耗时，比如要想从零开始实现一个全方位沉浸式的橄榄球场景模拟，需要在有限的预算条件下一个接一个地实现从球场上的橄榄球，到球衣的褶皱，再到头盔的反射等等一切的细节。专业的橄榄球队可能会有足够的资金投资在训练技术上，但是专业球队通常日程满满，贸然在一个未经检验的技术上做赌注，代价和风险都很大。

还有其他的问题。谁来分别为一场对阵中不同的组别编程？虚拟训练如何设计？技术障碍怎么办？对橄榄球这种复杂而充满动态的场景进行有效的计算机模拟本身就极其困难，将捕获的视频脚本用于虚拟现实场景模拟的技术还未被发明出来。事实上，研究证明通过虚拟现实技术来提高高阶运动员的表现是可能的，这一点在不远的将来就能实现，到那时将虚拟现实技术运用于各项专业运动的训练就是指日可待的事情了。就像很多在其他实验室和研究机构发展出的虚拟现实技术的应用一样，市场化的代价依然很大。

现在回过头来看，在预测备受期待的消费级虚拟现实技术成为现实的问题上，我太过保守了。但我很确定这一技术终有一天会成为主流，给我们的学习交流方式带来革命性的影响。即便如此，该领域内仍然很少有人想过这一天会来得这么快。技术的飞速进步、商业力量的推动和一些企业家的远见卓识共同促成这一天的提前到来。手机制造商促成了屏幕价格的降低，镜头开始变得廉价，电脑运行变得更快，沃德威兹公司的安德鲁·比尔等人发明的动作动态跟踪技术使得虚拟现实环境的创制变得更加容易，马克·博拉斯等工程师创造性地探索出制造人人都负担得起的硬件的方法。2012 年，一次成功的众筹之后，Oculus 公司开始生产消费级的高端头戴式设备，这是此类设备的原型。

2014 年 3 月 Facebook 花费超过 20 亿美元收购了 Oculus 之后，硅谷的氛围发生了变化，大家开始感觉到虚拟现实技术领域终于要发生实质性的变化了。2015 年 1 月，我们实验室最先进的头戴式设备——其身价甚至超过一些奢侈品汽车，被 the Oculus Rift 和 the Vive 等消费级头戴式设备的开发者版本取代。它更小、更轻便，却一样有用，价格大概是我们之前使用的设备的百分之一。现在很多人开始为这些设备开发内容，正是在这一契机下，我与之前的一个学生德里克·贝尔奇重新熟识起来。他是一个体育爱好者，希望趁硅谷的这股虚拟现实热潮，在体育领域有所作为。

德里克·贝尔奇是我在斯坦福大学开设的《虚拟人》课程的学生，我第一次认识他是在 2005 年，那是在太极拳研究的前几年。他是斯坦福橄榄球校队的传奇式人物，在 2007 年斯坦福大学队对阵上年度冠军南加州大学队的时候他得到了关键的几分，让前者在落后 42 分的情况下险胜。作为运动员，德里克自然好奇虚拟现实技术如何才能提升运动员的赛场表现。当时我告诉他技术还不成熟，但是这并不妨碍我们课后讨论在技术允许的前提下应该如何设计这样一个虚拟现实系统。

2013 年虚拟现实技术热开始，德里克在此时回到斯坦福大学传播学系攻读硕士学位，也回到我们的实验室，研究方向为虚拟现实技术。随着虚拟现实技术硬件的飞速发展，以及硅谷对虚拟现实技术的热情重燃，我们一致认为是时候重拾对体育训练的研究了。

2014 学年开学之后，我和德里克每两周见一次面，讨论他的论文，讨论如何将这些技术应用到精英运动员身上。我们以橄榄球运动为原型，设计了一个模拟训练系统——在这个系统里，运动员能看到阵型、操练动作，由此学习进攻、提升自己解读对手意图和趋向的能力。虚拟现实训练系统还能够记录运动员可能想要观看学习的重要动作，且允许他不断地重复练习。

我们很快就一个问题达成了一致意见，即训练系统中的沉浸式环境必须是对现实的镜像式反映。实验室研究中我们所使用的环境通常是通过计算机合成的，并不适用于体育训练。因为训练中，运动员必须适应比赛中的小细节，对方球员一个很微小的动作，向特定方向的稍微倾斜，都反映了其意图，也能反映整个比赛的走向。有经验的运动员对这些细节通常都了然于心，如果借助虚拟现实技术进行训练的话，运动员也要能在训练中获得这些信息。虽然通过电脑合成这些细节在理论上是可行的，但并不现实，这需要整个好莱坞工作室后期团队有充足的预算和资源来完成。而我们当然不具备。此外，真实的镜头将有助于营造"在场"感，这对我们创造的学习体验至关重要。

360 度视频技术现在为人所熟知，今天，很多大公司正在围绕它开发各种应用，拍摄制作 360 度视频甚至已经成为《纽约时报》的常规。这在 2014 年还是很大的挑战，同时协调 6 个行动相机的机位和时间非常复杂，将其安放在一个适合橄榄球场地使用的三脚架上也存在各种困难。但是一旦做到这些，360 度视频便能使得人们只要戴上一副头戴式设备，就可以流畅连贯地回顾这一场景以及每一个头部的细微变化，而且画质非常高。360 度视频是一个可以快速构建高度真实体验的重要工具。

那年春天，斯坦福大学队的教练大卫·肖给我们开了绿灯，允许我们把设备搬到他的训练场上去。训练时间对于球队而言非常宝贵，教练们通常并不喜欢他们紧张的日常训练被打扰，但这次破例简直是天大的突破。最终我们被允许在球场上录制一些动作，这对我们来说是关乎成败的。我永远都不会忘记那个4月火热的下午，我去肖的办公室递交那个让我们得到机会的样带的情景。在经历了电脑宕机和破旧的手提电脑跑不动样带的窘境之后，样带终于播放出来。教练戴上头戴式设备，在我的解说下看完了一些动作。大概45秒之后他瞪大眼睛说，是的，就是它！这时候球队的进攻协调人迈克·布隆肯伦走了进来，看完这些动作后，他欣喜地叫了起来。

那天，我知道我们的努力开始出成果了。

在2014赛季时这一系统开始启用。刚开始不可避免地遇到了一些小的技术问题。快入冬的时候系统逐渐完善。教练负责预估对手的防守趋势，德里克则将训练过程录成影像资料。当这些影片被剪接成360度视频的时候，凯文·霍根就可以根据他的需要观看和回顾这些训练动作。相比看影像资料和战术手册，这样的训练强度更大。

霍根使用我们设计的虚拟现实训练方案（赛前12分钟使用头戴式设备）之后不久就初见成效。要理解斯坦福大学队在赛季末的进攻，或者任何球队的表现变化，都不可能只考虑一个因素。有太多的因素影响到成败——训练强度、新队友、运动员的状态好坏等。因此，我们不会过分夸大虚拟现实技术的作用，将其描述成"神器"，并将一切归功于它。然而，这一赛季的数据十分引人注目。用了虚拟现实技术进行训练之后，霍根成功传球的数据从64%增加到76%，同一段时间内整个球队的进攻从每场24分增加到38分。最令人难以置信的数字是"红区"内（20码线与球门线之间）的得分成功率。采用虚拟现实技术之前，斯坦福大学队的红区得分成功率很低，仅为 50%，而在 2014 年他们 27 次进入红区的记录中，成功率提升到了 100%。[11] 这是与虚拟现实技术无关的、在球队的正常胜率范围内的偶然小概率事件，还是霍根通过 STRIVR 系统的训练获得了高超的看透比赛从而快速决断的能力的结果？

肖很快就注意到了霍根的变化。"他的决策速度变得更快了，所有事情都变得更快，"肖后来说，"他在场上观察的时候就能预测球的来去方向，迅速决策，从而掌控局面。我并不是说这里存在严格的正相关，而是一种趋势。他思考速度更快，我认为是在虚拟现实中的沉浸式体验和反复练习帮到了他。"[12]

那个赛季结束后，德里克和肖开了一个会，与球队讨论未来的计划。肖敦促他创办一家公司，继续从事虚拟现实训练系统的研发。德里克回忆说："他说，你应该赶快着手去干，相比其他人，你抢占了一年多的先机，去开个公司吧。"肖也出了资，这就是现在 STRIVR 公司的原型（我也是公司的投资人和联合创始人之一）。

手握斯坦福大学队当季表现的数据，综合他开展的一些虚拟现实技术与训练的相关研究，德里克拿到了 5 万美元的初始投资基金，到美国各处去寻找客户。他第一年的目标是找到一支球队。然而，2014—2015 橄榄球赛季刚开始的时候，他已经与 10 支大学球队和 6 支 NFL 球队签下了多年的合同，其中包括亚利桑那红雀队。这出乎他的意料，对他来说也是很大的挑战。德里克和这个刚刚起步的公司突然就要面对一个棘手的难题，即使用一个非常有前景但是尚处于试验阶段的技术，为高水平的球队设计个性化的训练系统，保证队员参加高水平的赛事。这意味着他们需要迅速扩大公司规模，为球队提供现场技术支持，教他们拍摄 360 度全景视频，并将其运用到训练中。将相机拍摄的素材拼接为全景视频非常耗时，需要专业人员进行操作；德里克还聘请了一些精通数据分析的员工做数据处理，以衡量球员们使用虚拟现实技术之后的进步。

随着当时赛季的推进，很明显可以看出一些球队比其他球队更倾向于采用虚拟现实技术进行训练。很快，亚利桑那红雀队的四分卫卡森·帕尔默引起了我们的注意，整个比赛准备过程中，他持续而频繁地使用STRIVR 提供的虚拟训练系统。这时，他在上一个赛季中受的膝盖伤才刚刚痊愈，但看起来他还是很享受这个赛季。

作为一名年届 36 岁、经验丰富的老将，对于球队对技术创新的不断追求，刚开始帕尔默并不是特别买账。2014 年 11 月的时候他说："我并非买所有新技术的账，我很恋旧。我想这不能改变我作为四分卫的打法，但是我承认我对它很依赖。"[13]

当年赛季结束时，帕尔默率领亚利桑那红雀队以 13 比 3 的优异成绩创造了球队的历史最好成绩。他本人在传球码数、传球达阵和四分卫排名中达到巅峰，球队成功挺进 NFC（美国国家橄榄球联合会）冠军赛。

"全局、大局"

赛场上，当四分卫接过球之后那紧张的几秒钟里，他的脑海里闪过的是什么？戴上 STRIVR 的头戴式设备看了几个赛季前斯坦福大学队的集训视频资料之后，我开始有了一些概念。这样的场景只有参加顶级赛事的球员或教练员才有机会目睹。刚开始的时候，我眼前是一片铺满草皮的训练场，天气晴朗，白云飘浮在湛蓝的天空中。左右张望，只见眼前有一排列队整齐、严阵以待的前锋，此外还有 11 个防守，有一些正好站在攻防线上，其他人跑散开去试图混淆我的视线。每个人看起来都很高大，离视线非常近。突然一切静止下来，准备开球。随即出现在我眼前的是 5 位前锋，从几英尺外向我冲过来。视野所及还有其他事情在发生。因为在训练所以没有接触，但我还是为我所看到的速度和力量感到惊讶。紧接着我看到一位接球手跑下场，离开我的视野，这时比赛结束了，屏幕变黑。

对于没有经历过类似训练的人，这简直是一片混乱，速度快到让人难以置信。于我而言，我根本无法区分哪些是关键细节，哪些不是。我能看到云、红色球衣、角落里的接球手以及前锋和他们的动作，但我不知道该如何理解这些动作。这一切在一个四分卫眼里则非常不同。

后来我问帕尔默他何以能够在分秒之间应对瞬息万变。他告诉我："不要太在意细节，要顾全大局，用余光看到全局。"认知学习领域的专家称之为"模块"，意指复杂的认知活动中所有细节的整合过程。例如，第一次学骑自行车的时候，你很困惑，不知所措，瞻前顾后；随着学习过程的推进，你积累了经验，不断尝试、犯错，开始慢慢聚焦在一些点上；学会平稳骑行之后，你的脑海中就形成了一个"模块"，下次再做类似的事情时大脑处理起来就会更加高效，直到最后你不需要瞻前顾后就能平稳骑行，在骑行的过程中也可以思考更多其他事情，如其他骑自行车的人、汽车或是避开坑洼。注意力和资源分配是骑得好的关键。

类似卡森·帕尔默这类专家级运动员之所以能高效地处理这么多信息，是因为他们已经通过练习、研究和比赛积累了非常多的经验。赛场上发生的事情在他们的脑子里有一个"模块"，随着比赛经验的积累，模块不断丰富，他们观看视频的时候就可以调用这些模块，以快速做出反应。安德斯·艾利克森提出了心理表征的概念。他的研究聚焦于诸多领域的专业人士，从善于记忆长串数字的人到棋手，再到专业体育运动员（从攀岩到美式橄榄球）。以棋手为例，他们下了无数盘棋，因此对棋盘上哪些细节需要注意、哪些不需要注意都心中有数，看了棋局之后，只需要几秒钟就能反应出下一步该怎么走。业余棋手则需要花很长时间排兵布阵，排除专业棋手看一眼便知不可行的棋着。

艾利克森的研究显示，刻意学习可以优化心理表征。刻意学习与其他学习方式不同，学习者动机很强，目标明确，对于学习表现有适当的反馈，学习者有足够的机会进行重复练习。帕尔默在复习各种动作的过程中给自己一些测验的行为即刻意学习，然而可能更重要的是虚拟现实技术让他可以无限次地重复练习。正如他告诉我的那样，"除了重复练习和积累经验，学习没有捷径。虚拟现实技术能做到的只是让你不断地重复练习。"所以艾利克森在像 STRIVR 这样的沉浸式影像系统被发明出来之前的论断也并非危言耸听，他指出，最成功的四分卫一般都是那些在影像资料室花最多时间观看、分析自己队伍和对方队伍的战术的人。今天的变化是影像资料室变成了一个虚拟空间，相比二维图像，它与实际的训练场地更加相似。[14]

虚拟现实技术的另一个优点是，因为使用者在虚拟世界的经验对其大脑而言是心理真实的，其引起用户的心理变化的方式与真实世界发生的相同事情是类似的。训练场的场景和声音，前锋列阵，这些都使得使用训练系统的运动员兴奋起来，这有利于提升他们的学习效率。毕竟，他们不再需要赛后坐在一桶冰里看着 iPad（苹果公司的平板电脑），而是仿佛身临其境。这也许解释了虚拟现实技术在视觉化方面的出色表现。在视觉化精准的情况下，人们思考一个动作和看到一个动作发生的大脑活动是相似的。当然，问题在于人们视觉化、将自己置于这些情境的能力差异非常大。有了虚拟现实技术，教练员能够为球员创造出合适的可视化设备。

虚拟现实技术适合用于训练的另一个秘密在于肢体动作。身处虚拟现实模拟中，人们给出反应所需的肢体活动和在真实世界中是一样的，这些动作是自然而然发生的，而不是像用电脑的时候那样通过鼠标和键盘人为完成的。这时候，接受训练的人可以调用心理学家所称的"具身认知"。

"具身认知"指的是虽然认知发生在大脑中，但是身体其他器官同样影响认知，肌肉运动和其他感官的经验同样能帮助我们理解周围的世界。我们思考的时候，大脑中负责肢体动作的部分被激活。我们来看2005年一项关于舞者的研究。[15]当时的受试者是两组分别擅长芭蕾舞和卡泼卫勒舞的专业舞者。当他们观看两种舞蹈的分解动作视频时，研究者通过功能性磁共振成像（fMRI）记录了他们的大脑活动。当舞者们看到与他们所擅长领域类似动作的时候，他们大脑中的"镜像系统"被激活，反之被激活的强度没有那么高。换句话说，当他们看到他们一生中表演过无数次的动作时，他们大脑被激活的情况就好像他们正在做这个动作一样。也就是说，大脑理解"观看某个事件"这一行为是通过将其视觉化来实现的。

大脑这一运作机制有助于我们理解学习过程。2008年发表在《美国国家科学院院刊》的一项研究中，来自卡内基梅隆大学的学者们对曲棍球球员、球迷和新手进行了研究。相比新手，曲棍球球员更擅长理解曲棍球的动作，其原因就在于大脑被激活。换句话说，高级别运动区域（即与观看者的专业领域相关的部分）的大脑激活程度越高，他对曲棍球动作的理解程度就越高。虽然这些数据之间是相关关系，具身认知理论的支持者们推测，人们可以通过刺激大脑来提升学习效果。曲棍球运动的研究者们得出结论：运动经历对理解能力的影响，其背后的原因是大脑中特定部分更多地参与了这一过程。这些部分将那些与打曲棍球、观看曲棍球有关的经验挑选出来，并加强记忆。[16]

上述结论对基础科学的学习同样适用。在2015年一项针对大学生物理学习的研究中，研究者让一些学生真的转动车轮，另一组则只观看车轮的转动，以此观察两组学生对力矩和动量矩概念的学习。与曲棍球研究的结论相似，学习效果好坏与大脑中感觉运动区域的受激活程度有关（这是后来学生们进行类似任务的时候测量所得）。这说明，就学习效果而言，做比看要好；更重要的是，"学得好"这个效果是通过在大脑中模拟运动行为实现的。[17]

我们在理解虚拟现实技术如何才能效果最大化这个问题上刚刚起步，目前，我们的数据和研究成果非常可观。展望未来，STRIVR 和类似的系统将会取得进一步发展，将能够搜集并分析像帕尔默那样非常善于自学的球员在使用这些系统的过程中产生的大量数据，从而给出最好的训练方式。

虚拟现实技术训练系统的未来

STRIVR 在体育训练领域的成功最终吸引了商界的目光。虚拟现实技术能赋予四分卫的东西——如迅速评估形势、在混乱中迅速做出高质量的决策——在员工培训方面也有惊人的效果。世界上最大的零售商沃尔玛已与 STRIVR 签约，我们费了很大力气将沃尔玛的员工培训手册从头到尾通读一遍，选出最适合使用虚拟现实技术进行模拟的部分。

第一个建立起来的模块是超市。超市熟食摊位的经理需要一次接待多个顾客，确保不忽略排长队等待的顾客；店铺经理则需要在卖场走来走去，检查一下过道两边的塑料袋是否充足，注意是不是有顾客在同一个地方逗留太久（他是不是要顺走东西呢？）。关于超市卖场，我所知道的是圆面包不能放在货架的高处，否则通风口会被堵住，这些都很容易通过编程在虚拟现实场景中实现。与预测到一次隐蔽的闪电攻击而后在附加赛中投出决胜的传球达阵相比，发现这样的错误听起来也许没有那么值得称道，但是正是这种细节上的不断提升，最终促成实质性的变化。我们在沃尔玛 30 多个训练基地测试了我们的产品，想知道人们是否真的在用，并且很喜欢它。结果证明他们确实在用，而且学习效率得到提高。沃尔玛看到了这一变化，决定扩大合作规模，将我们的训练系统在他们 200 多个训练基地全面铺开。[18] 沃尔玛正在编写一个目录，将文字版的培训手册与虚拟现实技术创造出的相应的沉浸式体验一一对应，结合起来使用。对他们来说，虚拟现实技术的好处在于它比真的建一个塞满食物和顾客的训练基地的成本要低得多。此外，每位员工的培训都更加统一和规范，且按需定制程度更高。

利用虚拟现实技术开展培训开始具有无限可能，这些可能是通过将诸多相互互动的元素以多样的、不同而有力的方式联系起来实现的。士兵、飞行员、驾驶员、外科医生、警官以及其他从事危险职业的员工培训都可以借此完成。它还能用来提升我们日常生活中需要的认知技巧，演讲、木工手艺、机器修理、舞蹈、体育运动、音乐指导……几乎任何能力的学习过程都可以通过虚拟现实技术进行虚拟指导而得到优化。这些我们还没来得及想的东西，在未来几年里，都会随着消费市场体量的增大、技术的发展以及大家对虚拟现实技术的理解而出现。

在教育方面，这是一个真正令人激动的革命性时刻。互联网和视频技术的发展已经提供了很多新的学习机会，虚拟现实技术将在这方面进一步有所作为。这个世界上还有很多无人涉足和未被开发的领域。我们一直被告知，特定领域的顶尖人才是天资使然，这不无道理，确实有人在某些方面有超乎常人的天资，但天资的发挥需要后天的努力和适当的指导。试问，全世界有多少人空有天资，却因为没有适当的指导和学习的条件而被埋没？

有时候我很好奇，特定领域的专业级表现在多大程度上是家族性的？以橄榄球领域的曼宁家族为例，两代人中便出了三个顶级 NFL（美国职业橄榄球大联盟）四分卫，其中佩顿·曼宁更是被誉为有史以来最顶尖的球员。很明显，曼宁家族的人在成为好的 NFL 四分卫方面有天资，但这是全部原因吗？考虑到四分卫打得好不好与基于经验做出决策的能力紧密相关，伊莱和佩顿兄弟能够成长为顶级四分卫，难道与他们的父亲同是专业四分卫毫无关系？毕竟，从小父亲就开始向他们解释比赛中诸多微妙的细节，给他们以基础性的指导。那么，那些跟曼宁兄弟有相似的天资，却因为得不到专业的训练而无法发挥天资的孩子怎么办呢？

我最看中虚拟现实技术训练系统的地方在于其推动学习训练过程民主化的潜力。我必须承认学习专业技能并不像尼奥在《黑客帝国》中花几秒钟上传一个功夫节目那么简单，相反需要非常专注、下定决心，并投入大量的时间。但是这意味着只要他们愿意，任何能够用得上该技术的人都有可能走上专业的道路。各个专业领域的顶尖人才要承受更大的压力，更多的人需要从更小的年纪就开始专注于专业化的训练。一个不争的事实是，那些可以接受特殊训练和指导的人比其他人有更大的优势。就像在线视频和教育性课程提供了很多学习机会一样，虚拟现实技术也会如此。当下的世界竞争愈加激烈，专业化的培训和训练成为必需。虽然针对缺少这些训练的人能买得起的头戴式设备和内容要很长时间之后才会出现，但试想一下智能手机及其诸多应用渗透人们日常生活的速度如此之快，那一天的到来也许比我们想象的还要快。

有时候，我们并没有完全认识到经验的重要性。设想在未来的世界里，所有领域中顶级的老师，都以有互动功能的机器人的形式出现在该领域最有前途的人身边，随时准备好指导他们，给他们以适当的课程和训练。可以预见，虚拟现实技术训练系统在为怀才不遇、有潜力但未被或无法被发掘的人提供机会等方面，将大有作为。

第二章

"在场"的力量

Experience on Demand

电影系的学生应该熟知卢米埃尔兄弟 1895 年在巴黎放映《火车进站》这部电影。当观众看到电影中的火车好像在向自己开来的时候，纷纷惊恐地尖叫起来。我们喜欢这个故事，因为它体现了早期观影者的经验不足。当然，今天的我们已不会上当，我们能判别真假。一种新媒介的神秘面纱被揭开后，我们就会相信，我们可以应对它带来的任何问题和挑战。

　　但是虚拟现实技术创造出的即时感和真实感，与投影在墙上的二维（甚至是三维）的影像给人的感觉相差太多。在实验室观察了上千人的虚拟现实体验之旅（其中有的人体验了多次）之后，我认为虚拟现实技术给人带来的反应是不同的。地震模拟系统中木箱开始倒塌的时候，保持处变不惊需要很大的勇气和很强的意志力。

　　成熟的虚拟现实技术不需要笨重的设备，护目镜、控制器和线缆仿佛都消失了。与人们通常使用只能调动某些感官的其他媒介不同，在虚拟现实环境中，人们多个感官同时被调动。比如，在一个好的虚拟现实系统里，声音不是发自特定位置的音箱，而是空间化的，根据人们朝向（如果正在被跟踪则是离声源远近）的不同，声音会变大或变轻柔。通过虚拟现实观察一个东西是不受显示器、电视机或电影屏幕限制的，眼前的虚拟世界和现实世界是一样的，左顾右盼时，虚拟世界还在视线之内。

虚拟现实技术的关键特点之一是其自身的不可见性。通过屏幕观看视频，我们能看到屏幕，明白一切都是人为创造出来的。电影之所以不同，不是因为它呈现的是二维图像，更多的是因为拍摄的构图、人为的机位安排、剪切和其他剪辑技巧的使用，或许由机位设计而产生的独特视角更为重要。这些与我们在日常生活中通过自己的感官与真实世界互动的经验并不相符。每次实验室的访客需要观看的是特别恐怖或冲击力特别强的内容时，我会告诉他们一个"经验之谈"，即闭上眼睛一切都消失了。几乎没有人会自发地这么做，因为这在现实世界行不通（无论睁眼还是闭眼，现实都无法逃避）。

说了这么多，我想强调的是，"在场"的幻象是非常强大的。即使是 19 世纪末的一个天真的巴黎人，看到投影在墙壁上的图像中正在撞向他的火车，他也知道那是假的。即使史蒂文·斯皮尔伯格戴上头戴式设备，坐在一艘虚拟的船上，一头大白鲨迎面冲过来时他很可能也会被吓坏。

"在场"的力量不仅在于提供廉价的刺激，正如我在整本书中都强调的那样，虚拟现实技术带来的心理效应是深刻而持久的。诸多研究表明，虚拟现实经验对人们有影响，会导致行为上的变化，且这种变化不会马上消失。这意味着虚拟现实感觉起来是真实的，对人类的影响类似于真实经验的影响。这一结论对我们思考其前景和可能带来的危害至关重要。面对虚拟现实体验，与其把它当成一种"媒介体验"，不如把它当成对我们随后行为会产生影响的真实体验。

虚拟现实技术是一种以数字为原料的经验生成器，可以轻松地生成我们能想到、听到或看到，甚至是更为复杂的感官体验。这给了我们很大的想象空间：作为个体，一方面，它开阔了我们的视野，给了我们很多可能性，启发我们思考这些视野和可能性如何能让世界变得更美好；另一方面，它也为不健康的环境和经验提供了温床，这将对我们造成不良的后果。正如我的一位同事所言，媒介体验是食物，人如其食。

上过《心理学 101》课程的学生可能都对斯坦利·米尔格拉姆关于服从的著名研究很熟悉，直到今天它仍是史上最著名和最令人不安的人类行为分析之一。实验发生在 20 世纪 60 年代，在那之前很多人默许甚至非常乐于参与纳粹德国犯下的罪行，所以当时很多学者都试图理解那一代人的人性到底怎么了。在米尔格拉姆的研究设计中，受试者充当出题者的角色，答题者则是米氏的合作者，一名演员，研究开始之前实验的参与者们并不认识他。受试者被告知，如果后者答错，就要电击一下他，每多答错一题，电击强度就增加 15 伏，而实际上并没有电。答错题目达到一定数量的时候，答题者就会痛苦地瘫倒在地，抱怨自己心脏不舒服；如果受试者继续提问，答题者最终会表现得像昏迷一样，甚至更糟，最终停止回答问题。此时，受试者身边会有一个穿着实验室制服的权威角色在他耳边说着诸如"按照实验要求，你必须继续"或是"你必须继续，别无选择"之类的话。随着实验的进行，米尔格拉姆测量两个关键变量：一是在对方表现出明显痛苦的情况下愿意受电击的次数，二是"服从"对参与者的影响。[1]

反复研究的结果表明，大多数受试者直到实验结束都服从了权威人物的命令，实施了终极的 450 伏电击（电击发生器标记"危险：极端电击"）。在网上很容易找到相关的视频，很有冲击力但也令人不安。从这些视频中可以看出，选择服从的参与者并非没有付出代价：他们会出汗、咬紧嘴唇、紧张地笑，或是呻吟颤抖。后来人们提到这一实验，讨论的焦点常常是它的一个残忍的发现，即人们会因盲目服从而做出残忍的行径，很少有人会讨论受试者承受的压力。

2006 年，虚拟现实领域的先驱之一、研究者梅尔·斯莱特决定用虚拟现实技术重做这一实验。[2] 他的研究设计与米尔格拉姆的基本相同，唯一的变化是被电击的对象从一个真人变成了数字模拟出来的虚拟人，这一点他对参与者也非常坦诚，告诉他们它甚至都不是网络世界中由真人控制的替身或马甲，而是完全由计算机控制的替身。米尔格拉姆的研究中，受试者因被欺骗而相信他们所电击的是一个活生生的人，斯莱特则非常友善，他向受试者坦诚即将遭到电击的仅仅是一个计算机程序。斯莱特自己担任实验主持人和实验中的权威人物，坐在受试者身边，观察受试者给虚拟人出题。然而，与米尔格拉姆实验不同的是，斯莱特并没有强迫人们违背自己的意愿继续出题，受试者笃知自己随时可以退出研究，并不会受到惩罚。他感兴趣的是，对一个纯粹虚拟的人施加伤害会不会让人们感到焦虑。

结果表明，无论是生理上还是心理上，就心跳速度和皮肤电导率两个指标而言，参与者们电击一个计算机生成的虚拟人和电击真人的反应非常相似。即便他们明知实验室环境、答题者和电击本身都是模拟出来的，但对于受试者的大脑而言，这些好像真的发生了一样。"你能很明显地从受试者的声音中感觉到，回答问题的虚拟人回答的错误越多，他们的沮丧程度就越高，"斯莱特和他的同事在研究报告中写道，"当虚拟人表现出拒绝回答时，受试者会转向坐在附近的实验者，问应该怎么办。实验者会说，'虽然你有随时结束的自由，但选择继续对我们的实验来说是一件好事，后面的时候你还是可以随时叫停'。"随着电击强度的增加，斯莱特观察到了各种反应，有人提前结束实验，有人看到虚拟人的反应之后咯咯笑了起来（米尔格拉姆的实验中也发生过类似的情况），有人则表现出真切的担忧：到第 28、29 题的时候，开始有人反复地跟虚拟人"你好，你好？"地打招呼，然后转向实验者，似乎有些担心地说"它没反应了"。[3]

怎么理解这个奇怪的结果？本能地避开脚下的虚拟坑是一回事，但是为什么对虚拟人进行虚拟行为会产生道德不适呢？被要求电击虚拟人已然引起人们的不适，在虚拟现实中做出各种暴力和混乱行为的时候，人们又会做何反应？这是我实验室的访客经常表达的担忧之一。

道德心理学家班诺特·莫宁是我在斯坦福大学的同事，也是我们实验室研究在虚拟现实中目睹不道德事件可能产生影响这一议题中的合作伙伴。这一实验共有60多名参与者，其中约一半参与者一起经历了一个符合道德标准的事件，另一半则经历了不道德的事件。[4] 前者在虚拟现实中看到一个与他们同性别的人给60名正在朝他走来的人提供急救包，收到急救包后每个人都转身走开。道德刺激随着时间的推进变强，这个人先后向20名士兵、20名妇女和孩子的组合以及20名老人孩子的组合提供了急救包，整个过程持续了大约5分钟。在"不道德组"，这个人不是来提供急救包的，反而是出拳殴打那60个人，并将他们堆成一堆，这一过程中，被殴打的人越堆越多。这听起来很可怕，它的目的是模仿人们在包括电影和电子游戏等媒体中经常看到的事件。

道德净化是心理学研究的主题之一。《科学》杂志发表的一项研究显示，相比被促使思考道德这件事的人，被促使思考不道德事情的人更倾向于使用抗菌湿巾。[5] 作者认为这是"麦克白效应"，即一个人的道德纯净性受到威胁时会导致自我清洁的需求。在我们的研究中，受试者取下头戴式设备之后，我们给他们提供了无水洗手液，并记录他们按了多少下。平均来看，那些目睹不道德事件的人比目睹道德事件的人用得多，这初步支持了一个结论，即在看到妇女儿童被打这一不道德事件之后，他们需要自我清洁。需要强调的是，这是一个初步实验，结果不是很显著，虽然有统计学意义上的显著性，但相关性并不大。但是这与斯莱特的发现不谋而合——虚拟现实中冲击力强的事件会给人们带来心理冲击。

人类历史上，每一种新的传播媒介的发明和兴起，都引起了人们对其潜在的恶意使用和有害影响的焦虑。对科技感兴趣的读者都熟知历史上一些著名的例子，比如苏格拉底害怕文字，因为他相信文字会降低人们的记忆；小说侵蚀了 19 世纪的读者区分虚构和现实的能力；电子游戏中的暴力，以及电子文化对人们思考能力的影响，这些通常被当作人们对媒体影响的过分夸大甚至荒唐担忧的例证，为那些驳斥夸大媒体效应的人所引用。我认为，我们需要承认有时候这些担忧确实被夸大了，但也需要认真严肃地对待媒体可能的影响。读写能力和书本改变了我们的思维方式，媒体图像也会极大地影响我们的思想。

我在斯坦福大学讲授《大众传媒效果》的课程，在何种程度上有效果，或者说产生影响，正是我研究的主题。一般而言，我不是很担忧传统媒体之于我们的影响。虽然书籍、电子游戏或电视非常吸引人，但是在沉浸式效果方面，它们都比不上虚拟现实技术。其他形式的电子媒体可以看成是对不同感官的模拟，我们通过这些东西建构我们自己对现实有意识的体验。例如，电影、电视或是平板电脑上的视频都可以传达真实世界的声音和景观，但是当我们与这些媒介互动时，总能意识到它们是人为制造出来的，来自屏幕、扬声器或是我们手中的设备。

虚拟现实技术则不同。即便是最初级的虚拟现实技术，当我们使用它时，也要戴上护目镜、戴上耳机、遮住耳朵和眼睛，用模拟的数字信号取代我们两个主要感官系统；在更高级的虚拟现实技术中，我们全身心投入虚拟现实的体验中，在与虚拟世界的互动中做出反馈。如果虚拟环境的设计合情合理，我们的大脑便会开始混淆，把虚拟的东西当成真实的。所以对于"媒体会影响人们的行为吗？"这一问题的回答，无论在什么时候，我都可以确定地告诉你，虚拟现实技术会影响人们的行为。我的实验室和世界上其他地方数十年的研究证明了这些影响。

基于这些原因，我们曾经有过对媒体的恐惧和幻想，在虚拟现实这里都达到极致。在知道虚拟现实技术能做到什么之后，人们向我提出的各种反乌托邦的情形多到可以写满一个章节。人们会停止现实世界中与他人的交往吗？虚拟现实技术可以用于思想控制吗？你能用它来折磨别人吗？会不会有政府监督？公司监督？这会让人更加暴力吗？色情呢？（答案是：没有；在某种程度上有；在某种程度上有；可能有；几乎确定有；在某种程度上有；关于色情的什么？）

很多人感觉虚拟现实技术是带着原罪的，它的出现意味着人类生活中那种自然社会取向的迷失和式微。他们会问，如果一个人可以沉浸在虚拟现实中过上精彩的生活，他为什么还会想要生活在现实世界中？我认为，这一观点严重低估了现实生活。我同意杰伦·拉尼尔的说法，他认为，虚拟现实技术最精彩的地方在于当你拿下头戴式设备的时候，所有的虚拟现实技术都不能捕获微妙的扑面而来的那种感官感觉：渐变的光线、气味和空气在皮肤上流过、手中沉甸甸的头戴式设备，这些都是在通过虚拟现实技术模拟现实的过程中很难实现的。虚拟现实技术可以以一种不同的方式帮助你更多地体验现实世界。确实有很多人会利用虚拟现实技术进行色情活动，但是那永远无法接近真实。

虚拟现实技术如何改变我们的大脑？

无论是父母、记者还是政策制定者，或者是实验室的日常访客，很多人都会问这样一个问题："虚拟现实技术如何改变我们的大脑？"神经科学和心理学领域几乎每天都有新的研究著作出版，我们对这些领域的认知也越来越多，所以当我们手边就有可以帮我们一探大脑生理运作机制的工具的时候，提出这个问题就很自然了。这些工具中最主要的是功能性磁共振成像，科学家用它来测量从学习记忆到含糊偏见的说服过程等几乎每一个心理过程。那么，为什么不用它去测量虚拟现实技术的影响呢？

这说起来比做起来容易。即使是从来没做过的人恐怕也知道，要获得精确的结果，做功能性磁共振成像的时候人必须保持完全静止。如果动作太大必须重做一次，这就意味着我们必须再承受一次 20 分钟的幽闭和刺耳的轰鸣。

很多人致力于解决这个问题，以让病人在做功能性磁共振成像的时候可以随意移动身体。有些观察大脑活动的技术允许被观察人小幅度移动身体，比如脑电图。做脑电图的时候技术人员会将缠绕有少量电线的小金属片，即电极，放在被观察者的头皮上，人们移动的自由度越高，所获得结果的干扰越大。

虚拟现实技术有哪些特性呢？相对于 3D 电视，虚拟现实的特殊之处在于其运动性。好的虚拟现实能够很好地实现一系列动作，包括走步、抓取、转头或转身等。人们还可以在虚拟现实中嬉戏玩耍。但是人们在虚拟现实中做出突然的反应是常态，而不是什么特别事件，因为很多虚拟现实体验利用的恰好是人们在面对悬崖、蜘蛛或是阴森恐怖的东西时自然的退缩或因恐惧而生的反应。这些在大空间中快速、刺耳的反应是进行大脑监测的天敌。

当然，有人在实验中试图用功能性磁共振成像测量脑部激活模式。但是在这些实验中，人们并不是真的移动，因此将其称为"虚拟现实"本身就名不副实；要么就是人们可以自由地移动，而大脑监测形同虚设。媒体中有为数不多的关于在虚拟现实条件下进行大脑监测的报道，但是在那里，所谓虚拟现实很多时候只是三维电影，或是病人用手柄玩电子游戏。这些都不能与虚拟现实的精髓"在场"相提并论。

举个例子，2016 年我和斯坦福大学神经学专家安东尼·瓦格纳及其博士后研究员萨克勒·布朗在《科学》杂志上合著了一篇文章。[6] 通过该研究，我们试图理解大脑利用已有的经历，为当前需要解决的问题创造心理表征的过程，我们特别关注了海马体的作用。比如，当你开车去之前去过的地方时，大脑就会"绘制出"一条线路作为导引（至少在我们变得依赖于智能导航软件和谷歌地图之前是这样的）。功能性磁共振成像的问题在于受试者必须完全静止不动，这极大地限制了他们进行各种活动的自由。正因如此，既有研究几乎都无法针对有互动性、有丰富认知过程的活动进行测量。但是虚拟世界的探索可以通过一只遥控器来完成，因此在海马体的作用之外，我提出一个更吸引我的问题：大脑对这种虚拟空间探索的反应，与对真实空间的探索活动做出的反应是相似的吗？

我们让受试者通过屏幕看到一个虚拟迷宫，要求他们自己去到五个非常不同的地方，他们用手中的遥控器来进行在迷宫内的运动，这并不如虚拟现实的沉浸程度那么深。第二天，我们要求受试者在大脑中就如何到达昨天他们到过的那个迷宫的位置进行路线规划和导航，并在这一过程中对他们进行整个脑部的、高解析度的功能性磁共振成像测试。实验数据的分析证明，在目标规划过程中，海马体参与其中。眼窝前额皮质在记忆引导的导航活动中与海马体互动，在确认"未来目标"或是终点的过程中起关键作用。这对于心理学家来说很重要，可以帮助他们理解人类在未来行动规划过程中如何利用过去的记忆。从另一个角度看，数据中模拟的交互部分尽管不像虚拟现实一样沉浸程度那么深，却已然提供了足以形成记忆的丰富内容。对于人们大脑中的自己在虚拟空间中处于什么样的位置、下一步他们打算去哪里的信息，我的同事可以很精确地预测在大脑的哪个区域可以找到它们。人们在实际空间进行移动的时候，对这种导航规划行为的神经基础进行测量是不可能的，虚拟现实使得人们躺在功能性磁共振成像管道中进行相关测量成为可能。这个预测是合情合理的，因为当人们回忆在虚拟现实中的经历时，表现出的海马体活动与实际经历过这些的海马体活动是相似的。也就是说，即使是非沉浸式虚拟现实所创造出的大脑激活模式，与基于实际发生事件的模式也是相似的。

因此，研究虚拟现实中大脑活动的一个策略是使用非沉浸式的虚拟现实，另一个策略则是研究动物。在动物身上，人们可以使用不能用在人类身上的外科创伤性技术来监测大脑活动。在 2014 年加州大学洛杉矶分校的一项研究中，研究人员在老鼠周围放上安全带，将它们放在一间暗室里的跑步机上（类似于为了虚拟现实视频游戏设计而售卖的全向跑步机），并在暗室四壁投影虚拟房间的图像，目的是追踪老鼠们在这一条件下的步行运动，测量老鼠大脑的海马体中数百个神经元的活动状况。在另一个精心设置的控制组中，老鼠们在真正的房间中行走。结果发现，虚拟现实条件和真实的房间相比，即使老鼠的导航行为与在真实世界中看起来并无二致，但脑部激活的模式也相当不同，虚拟现实条件下老鼠的海马体神经元变红的趋势十分混乱，似乎大脑的神经元并不知道老鼠身处何地。在该校针对该研究发布的新闻通稿中，研究者之一、美国凯克基金会神经生理中心主任马扬克·梅塔说："'地图'完全消失了，这出乎所有人的意料，神经元活动与虚拟世界中老鼠的位置之间的关系是随机的。"[7] 此外，虚拟现实条件下，老鼠的大脑活动也比真实世界中的要少。梅塔随后提出一个相当大胆的说法："虚拟现实条件下的神经活动模式，与现实世界中的神经活动模式有很大的不同，我们需要充分理解虚拟现实对大脑的影响机制。"[8]

这一研究遭到了一些批评，大多数科学家质疑的都是基于老鼠大脑的研究是否在人类身上也适用，虚拟现实领域专家的视角却不尽相同，他们关注虚拟现实的设计本身，认为被放在跑步机上、围在安全带里对一只老鼠而言并不是件愉快的事情，实验中用来搜集数据的追踪机制本身非常不准确，可能更合理的解释是"模拟器眩晕症"（Simulator Sickness）。我使用过很多虚拟现实跑步机，我怀疑当时我的神经元活动也是相当混乱的，毕竟那对认知系统而言着实是一个非常大的挑战。

关于大脑活动与虚拟现实环境之间的关系，还有很多研究给出了更为细致的描述。如 2013 年发表在《神经科学》杂志上的一个研究聚焦在虚拟迷宫的大小和复杂性，即决策点数量的影响。研究者要求 18 名成年受试者先完成虚拟导航的任务，随后让他们进入功能性磁共振成像中，给他们演示各种迷宫的截图，并在这一过程中记录他们的海马体活动。研究发现，后部海马体的活动随着迷宫的大小而非复杂性的增加而增加，而前部海马体的活动随迷宫的复杂性而非大小的增加而增加，这被称为"双重分离"。双重分离是脑科学中的重要概念，指的是在对环境的大小和复杂性做出反应和处理的过程中，大脑的不同部位各司其职。[9]

我们所做的一切，无论是穿过田野还是吃比萨，都会导致大脑活动和变化，记住这一点非常关键。同时，并非每一次大脑活动的变化都是创伤性的。在我看来，关注虚拟现实的社会影响，关键问题在于长时间使用虚拟现实的影响。现在我们还不知道这个问题的答案，但我们不能对此掉以轻心。我曾被邀请参与一档将在家庭影院频道（HBO）播出的节目的制作，下面是该节目的描述：

《匿名虚拟现实秀》是一档开创性的实验性纪录节目，8 位参与者将共同参加一项为期 30 天的实验。实验过程中，他们将沉浸在虚拟现实中，经历 30 天的社会隔离。

节目参与者招募条件非常苛刻：

虚拟现实参与者：8 位，背景各不相同，年龄 18~35 岁，不惧怕对精神 / 身体极限的艰苦考验。参与者将被隔离 30 天，独自度过，饮食从简，以维持生存为底线，与对方或外部世界的沟通只能发生在虚拟现实中。

是的，你没有看错。食物、人的社会性接触统统消失，他们只能以化身的形式在网络化的虚拟现实世界中与他人互动。制片人提议可以将实验嵌入节目，测量参与者大脑的变化。我当时还认真地花了一天时间考虑这个提议，现在想来真的很尴尬。这听起来是个很重要的研究，它可以帮助我们理解在这种可怕的虚拟现实境遇中人们的大脑变化，为防止可能出现的反乌托邦未来提供参考，毕竟 5 年内这一实验条件很可能成为一部分虚拟现实技术过度使用者的生活常态。但是，我还是礼貌地拒绝了，因为以剥夺别人的实际社会接触的方式度过自己的一天令我感到不是很愉快。

尽管如此，这一研究想要回答的问题也是我经常被问到的问题之一，即长时间使用虚拟社交代替现实社交会有什么影响？在我看来，这与医生经常面临的困境类似。没有人想要参与控制实验，比如迫使一半的受试者每天抽两包烟，另一半不抽，以此研究吸烟与癌症之间的因果关系。相反，我们在等待相关的证据，因为就伦理而言很少人会对这种类型的研究感到满意（还有一点也很重要，即对于为了回答这些问题而用老鼠做实验，我也觉得不合伦理）。

虚拟现实技术的弊端

我自 2013 年开始开设《虚拟人》的课程，每年我都会辟出几节课讲虚拟现实的弊端。正如我在书中所述，虚拟现实的体验令人难以置信，且可能为诸如教育、偏见、歧视和面对气候变化危机不作为等社会问题提供真正有前景的解决方案。但是，如果虚拟经验强大到足以改变我们对地球或种族关系的基本观点，那么它必然也可能带来很多问题。下面，我会简单讨论其中四种：暴力行为模仿、虚拟逃避主义、分心和过度使用。在即将进入普遍使用这一深度沉浸式媒体的时代之时，我们面临的关键问题是，如何才能平衡其利弊，做到趋利避害？

行为模仿

　　行为模仿的概念是由斯坦福大学心理学家阿尔伯特·班杜拉于20世纪60年代初在他的关于社会学习的开创性研究中提出来的，这也是当代心理学研究最多的理论之一。社会学习理论假定，在特定的条件下，人们会模仿其他人的行为。行为模仿是社会学习的一个方面，仅仅是看到其他人的行为，就可能会导致模仿行为的发生。这一观点颇具争议，当时心理学界都认为学习是通过行为发生的，在这一过程中，实际的奖励或惩罚是必要的。班杜拉指出问题的关键：我们不是在迷宫中通过跑步后吃奶酪来学习的老鼠；相反，我们经常通过观察别人来学习。这种感同身受的学习很重要。我们对这种现象的理解始于20世纪60年代初在帕洛阿尔托托儿所进行的著名的波波玩偶实验。[10]

　　波波玩偶是外形酷似小丑的充气玩具，无法自行活动，其底部有沙，所以被推倒的时候可以弹起来。实验过程中，一个成年人按照预先设定的脚本攻击波波玩偶，将它踢出房间、扔到空中、对它大吼，甚至用锤子砸它，24名孩子作为受试者观察这一过程。实验设立了两个对照组，每组同样是24个孩子，其中一组成年人好像没看到波波玩偶一样，开始玩其他玩具；另一对照组中根本没有成年人。成年人离场后，孩子们开始自己跟波波玩偶玩。相对于两个对照组而言，实验组的孩子表现出更强的攻击性，他们会撞击玩偶、对玩偶大吼大叫，甚至用新的方式对其施加暴力，如用手枪或手锤同时敲打玩偶。我已经执教《大众传媒效果》课程数十年，每年都会在课上播放这一原创研究的视频。很多人看到视频都倒吸一口气，因为很多孩子攻击玩偶的方式真的超过了玩耍的界限。

　　当然，自班杜拉完成波波玩偶实验、提出行为模仿理论之后，学者们又开展了数以百计的研究，讨论在什么样的条件下人们会更加倾向于模仿他人这一问题，其中与本书相关的是，人们是否会模仿他们在媒体中所见的其他人。实际上，班杜拉对这个问题也很感兴趣。波波玩偶实验进行两年后，他和他的同事们用电影重复了这一实验设计。这次，孩子们看到的并不是活生生的人在攻击波波玩偶，而是一段视频。实验结果证明，通过视频观看针对波波玩偶暴力行为的孩子，在现实生活中对玩偶的攻击倾向是没有观看暴力行为的对照组的两倍。

　　行为模仿的理论获得了脑科学的支持。在 2007 年的一项心理学研究中，受试者被要求在进入功能性磁共振成像的同时观看一部表面上看来讲述了该研究的影片，事实上它是研究的一部分。[11] 影片展示了一位演员正在完成一项学习任务，如果他给出错误答案，就会遭到痛苦的电击。影片结束后，受试者重复这一过程，并认为如果他们回答错误的话也会被电击。如此，研究者就可以比较观看影片，和实际上进行这一任务并真的可能被电击的时候，受试者的大脑激活模式有何不同。这一实验设计的好处在于，受试者实际上并不会被电击，而只是认为自己会被电击。结果表明，以大脑中杏仁体的激活为表征的恐惧反应，在两个状态中都很高，大脑激活模式相似。用研究者的话说："间接获得的恐惧，可能与源于直接经验的恐惧一样有力量。"

　　令人惊讶的是，与那些主宰传统视频游戏市场、以大量暴力和第一人称射击为特征的游戏相比，在我撰写本书时，基于虚拟现实的此类游戏并不多，当然，时间会检验一切。就这一点而言，首批虚拟现实游戏之一原始数据在设计中用机器人作为敌人来替代传统游戏中那些无谓的流血和暴力画面非常值得玩味，该游戏发售一个月销售业绩即非常惊人，销售额超过 100 万美元。事实上，很多游戏设计者很快就意识到，在屏幕上和在虚拟现实中进行暴力行为是非常不同的，当游戏中用到运动跟踪技术时尤为如此。在传统游戏中通过手柄按键让游戏中的角色进行暴力行为，和在虚拟现实暴力游戏中通过角色的三维替身、用自己的手扣动扳机，或是用刀戳刺一个虚拟敌人，是非常不同的体验。很多曾尝试用虚拟现实技术制作第一人称射击游戏的设计师都承认，这种激发本性、暴力血腥的游戏方式对大众消费市场而言太过了。游戏设计师帕尔斯·杰克森在谈及手头正在设计的一款第一人称射击游戏时说："我们很早就决定游戏中不涉及杀人、不直面死亡，这是我们有意识的选择……在虚拟现实中玩游戏和做其他事情一样，人们能感觉到自己在做什么，这种体验更加强烈。"[12]

也许是因为市面上没有此类游戏，在第一批高端消费级虚拟现实系统发布后不久，硬核玩家开始修改他们最喜欢的游戏，方便自己在虚拟现实中体验这些游戏。臭名昭著的侠盗猎车手系列便是一个例子，这个游戏以黑喜剧和虚无主义的暴力著称，硬核玩家们已经做出这一游戏的虚拟现实版本，修改之一便是在游戏过程中用手的自然移动代替鼠标或手柄来瞄准和使用武器。有些玩家将这一过程发布到网上，视频中玩家以第一人称的姿态，将几个电脑合成的角色撞飞，并射杀了几个虚拟警察，然后一路沿街开车扫射并追赶路边被吓坏了的行人。这些内容和传统游戏并无二致，但是如果知道这些动作都是玩家自己亲手执行的，就会让人很不舒服。事实上，后来视频制作者在博客中表达了自己的悔意，在一张内容为虚拟出租车司机被击中头部、虚拟乘客被击中背部而他自己逃跑的 GIF（图像互换格式）动图下，他写道："这件事情应不应该做我真的没有把握，我感觉很糟糕，很有罪恶感，第一次在修改后的游戏中射杀一个人的时候，我惊讶地张大了嘴巴。"（值得注意的是，虽然他感觉很矛盾，但是他还在继续开发工作。）[13]

我对虚拟现实这种具有超级暴力属性的娱乐性应用会有多大吸引力持怀疑态度。肯定会有一些游戏玩家享受这种沉浸式的第一人称暴力，但我认为这个群体甚至都不会有享受传统暴力游戏那么大。在 HTC Vive™ 中初次体验过虚拟现实暴力之后，我对这一想法更有信心。HTC Vive™ 被称为"整容医生式的虚拟现实模拟系统"，它对 Vive 系统的功能模仿非常到位、图像质量高且交互性强。在 HTC Vive™ 中，我置身于地球之外的空间站，用全套的医疗器械、电动工具和武器给一个外星人做解剖，虽然它表面上死了，却在这一过程中四处乱踢乱打，挣扎逃脱。身处模拟的失重空间，所有工具在四周飘来飘去，骨锯、电钻、飞镖等都可能相互冲撞。目前为止已经有几百人经历过这一模拟，据我所知，大家主要有两种反应。

有些人意识到电钻可能会撞到外星人眼球致其血飞四溅之后，决定不再折磨它，因为那并不是他们的乐趣所在，就像斯莱特虚拟现实服从研究中的受试者一样，他们很难对一个即使明知虚拟的对象实施暴力。其他人似乎并没有感到什么不适，他们继续攻击外星人，将其切成片，享受着眼前血腥暴力场面的黑暗、具有虐待狂意味的喜剧感（我甚至看到有一个人用外星人的手打它自己的脸）。第一次把外星人切碎的时候，我被虚拟现实的神性震撼，久久不能走出来，这不仅是因为在学生面前做如此荒谬的行为让我感到尴尬，更多的是这一行为对我自己感情上的冲击。我感觉很不好，很负责任地说我亲手实施了暴力，那种对看起来像生命体的对象做手术的感觉一直萦绕着我，事实上，之后很长一段时间我都很懊悔。

未来，虚拟现实暴力对使用者的影响这一议题仍需严肃讨论。这一议题已然非常政治化。虽然很多知名学者对心理学有所质疑，很多心理学的研究证实，玩暴力型电子游戏会提高玩家做出激进举动和反社会行为的概率。[14] 更进一步的研究证实，在 3D 电视上玩这类游戏的影响更显著。[15] 布拉德·布什曼是 3D 电视研究的参与者之一，他从事暴力型电子游戏的影响研究已有数十年。他说："3D 游戏增加了玩家的愤怒情绪，因为玩家在玩暴力游戏时更加沉浸在暴力之中。随着电子游戏技术的进步，它能对玩家产生更大的影响。"[16]

与虚拟现实相比，3D电视给人带来的沉浸感很小。在反思既有虚拟现实技术对用户的情感和行为影响时，通过媒体接触暴力是一个值得考虑的问题。暴力游戏是被保护的，被认为涉及表达自由的问题，这一点在2011年美国联邦最高法院在布朗起诉娱乐商业协会案的判决中体现得淋漓尽致，正是这个判决让加州那条禁止向没有家长监护的儿童销售暴力型游戏的法案被撤销。法官的理由是，暴力游戏的潜在心理影响还没有强大到需要限制言论自由的程度。但是，塞缪尔·阿利托法官在另一份同意意见中区分了传统媒体与虚拟现实，他警告说："玩电子游戏（及其对暴力游戏玩家的影响）可能与我们之前见过的其他东西不一样，在这一可能性的认定上，法庭太过草率，任何对于玩电子游戏经验的评估都应该将现在市面上已有的以及未来可能出现的电子游戏的特征都考虑进去。"[17]

但是当我们考虑虚拟现实与行为模仿的关系时，还有另外一个担忧，这就把我们带回第一章的主题：训练。在虚拟现实对情绪的影响及其对暴力脱敏的影响存在激烈辩论之外，人们对虚拟现实能帮助大家学会暴力所需的技巧几乎都没有怀疑。连环杀手安德斯·贝林·布雷维克在接受审判时，描绘了全息影片《使命召唤：现代战争》成为他2011年7月22日在于特岛进行的恐怖暴行的"训练材料"的整个过程。[18]事实上，学术研究已经证明，像布雷维克那样用美式手枪的手柄玩暴力游戏确实会提高射击技巧（如中靶精度），轻易"瞄准头部"。[19]出于上面提到的原因，这些训练在虚拟现实中会更加有效。

这一切不应该造成恐慌，这些是军方启用飞行模拟器，并用虚拟现实技术做士兵战斗训练的原因。因此，虚拟现实技术是有用的。

逃避主义

除了众所周知的《星际迷航》中的太空舱，关于虚拟现实虚构描述常常是异位的。电影《黑客帝国》中，虚拟世界由机器主宰，以防止人类意识到自己是被奴役的；畅销小说《头号玩家》中，现实世界充斥着收入不平等和环境破坏，唯一的避难所是一个庞大的虚拟世界，人们一有机会就会撤入其中；威廉·吉布森的小说《神经漫游者》是我在斯坦福大学开设的《虚拟人》课程的课程文献，书中虚拟现实技术被描绘成一种用来犯罪和卖淫的媒介，小说的主人公凯斯沉迷虚拟世界到了将自己的身体贬低为"肉"的程度，对他而言，身体是横亘于他和"无边无际、愉悦的网络空间"之间的肉身监狱。[20]

在各种虚构文学中，虚拟现实被描述成会给现实世界造成各种令人不安的后果的终极逃避之所，在当代，逃避而偏居自我幻想的一隅不再仅仅是小说的情节，而是人们的真实选择。我们已经花了多长时间在Twitter（推特）、Snapchat（色拉布）和Facebook等社交网络，抑或电子游戏、互联网论坛或其他娱乐方式上？

现在想象这样一个世界，在这个世界里，社交媒体变得像你大学期间去过的最棒的派对，在网上赌博时你能感觉到自己好像在拉斯韦加斯最奢华的房间里，色情影片给人带来的感觉接近真实性爱。有多少人在面临"现实生活"中的种种不顺时，能抵制住这些唾手可得的满足感呢？

当然，社会上关于逃避主义的担心早在数字时代来临之前就存在了，在电视被认为是大众鸦片之前很久，社会上就有关于小说的争议了。媒体系的学生喜欢引用柏拉图对古代雅典诗歌流行的忧虑，以驳斥围绕着最新的媒体技术的新一轮的技术恐慌，但是我很担心虚拟现实技术与其他媒体技术的影响不在一个级别上，尤其是心理层面，可能两者的区别不是程度问题那么简单，而是本质上的区别。我们有理由相信，在不久的将来我们使用的互联网将越来越多地与虚拟现实或增强现实技术相结合，这都将加剧我们与现实的隔离。当这些虚拟空间变得越发不可抗拒的时候，雪利·特克尔等学者所担心的"新孤独"将会不断加剧。[21]

如果有一天虚拟现实真的成为人们使用和与互联网互动的方式之一，它只会进一步增加我们对互联网将带给人类社会规范千年之变的焦虑。

过度使用可能产生的负面影响

人们一次可以在虚拟现实中度过多长时间？在我的实验室里，我们有一个"20分钟规则"，即不会让任何人在虚拟现实中连续度过超过20分钟，如果需要待得更久，则要先出来休息几分钟，揉一下眼睛，环顾一下四周，触摸一下墙壁，而后才能再次进入。在虚拟现实中花费太多时间会导致感官失灵。而且根据我的经验，休息一下是个好主意，这主要是出于以下几个原因。

模拟器眩晕症

计算机处理能力的增强和头戴式设备的改进，可以帮助减少一部分导致模拟器眩晕症的因素，但使用虚拟现实还是会导致疲劳和不适。根源之一在于时间延隔。想象一下你移动头部环顾房间，而你眼前的世界却浑然不动或是动得比较慢，就像打一通电话，声音不断地被延迟，或是一个视频中声画不同步。我们认知系统所期待的东西和我们看到的东西不一致，这令我们的大脑发疯，对很多人而言这会带来生理反应。

已知导致模拟器眩晕症的一个因素是帧速率低。第一代HTC Vive™的运行速度非常快，达到90赫兹，但如果对场景要求太精细，或者计算机太旧无法正确渲染场景，那么它只能以每秒45帧的速率重绘大约一半的场景，结果便是使用者的感知系统很难适应跳跃的场景。早些时候，这一方面的情况更糟糕。原本每秒 30 帧，每帧约 33 毫秒，这意味着在 33 毫秒的时间里，虚拟现实中没有发生任何变化，看起来像是从一个场景"跳"到下一个场景。在这种情况下，如果还有计算机系统发生作用导致的十分之一秒的延时，情况则会更糟糕。看起来电脑似乎可以同步反应，但是计算机系统在注册一个新的动作、计算新的场景并将其呈现在屏幕上时需要花费一些时间，而认知系统的反应快到足以分辨出这个时间延隔。还有一种情况也会导致延时，即虚拟现实中的运动与实体世界中的呈现相关关系，而非完全同步。试想每秒只能更新一次的电子钟，其每分钟更新的次数类似于帧速率的概念。但时钟也可能走得慢，可能每秒都比实际时间要延迟 10 分钟，这就是等待时间。在我的实验室里，现在的更新速率是每秒 90 帧，且延时非常短，可以忽略不计，所以并不会导致不适。

当下，计算机系统运转变得更快，有很多原因会导致等待时间的发生。大多数情况下，这是因为虚拟现实的内容开发者们把场景做得丰富细致到计算机必须减少帧频的程度。在我的实验室里，我们的原则是保证最高帧速率运行。当必须简化场景时，比如用 6 个虚拟人而不是 12 个，或是空间需要变得狭窄些，实验室的程序员会感到非常沮丧。但是为确保最高的帧速率，减少视觉细节总是对的。我发现很多公司经常犯这种错误，作为研究大脑和知觉系统的学者，这让我感到心痛。

眼疲劳

我主张在虚拟现实中花较短时间的第二个原因，是它很容易导致眼疲劳。如果你把手指放在眼睛前，然后看远方的东西，这时即使你的老板近在咫尺，你眼中的他也是模糊的。任何你能看到的、远方的东西都是模糊的，你能看得很清晰的只有手指。事实上，当眼睛聚焦一个目标的时候，它经历了两个过程。一是融合，即我们的两只眼睛一起转动以聚焦到目标上；二是每只眼睛单独容纳自己看到的东西，也就是说，左右眼睛都可以通过形状的自我调节，以相似的方式聚焦同一对象。在虚拟现实中，只需要眼睛随着目标的移动而在显示屏的范围内左右移动就可以做到这一点。问题是，每只眼睛的调节方式不同，而虚拟现实中每个镜头的焦点是由头戴式设备生产商设定的，人们可以随自己看到的东西而改变眼睛的形状，但无法改变已经设定好的图像焦点。从我的观察来看，眼睛本身聚焦哪里无关紧要，因为它需要调整的程度不变，场景的清晰程度也不会发生变化。这方面相关的学术研究目前还比较少，所产生的数据也远不足以下结论。但大多数虚拟现实领域的学者和思想家都认为，眼睛疲劳的问题会让大家无法长时间使用头戴式设备。

模糊现实

虚拟现实的生理局限并没有阻止那些勇气可嘉的科研人员和虚拟现实的狂热爱好者长时间沉浸其中，其对人类身体健康的危害还需要进一步研究。另外，已有一些零散的证据表明，过度使用虚拟现实技术会带来第三种潜在风险，即模糊现实。

2014 年，一位德国汉堡大学的心理学家在学术期刊上发表了自己的研究，研究设计是受试者自己在虚拟房间里待 24 小时，其间他就各种指标进行了精心监测。在文章结论部分，他写道："有好几次，受试者告诉我他们好像不知道自己到底是在虚拟环境中，还是在现实世界里，他们混淆了两个世界里特定的物件和事件。"[22] 在描述模糊现实的现象时，学者们展现了他们的学术严谨性和节制。作为在虚拟现实中度过时间最长的世界纪录保持者，视频网络博主德里克·韦斯特曼则更直接地描绘了他在虚拟现实中 25 小时内感受到的思想冲击。由于吉尼斯纪录的严格限制，他只可以使用一个软件。他选择了谷歌出品的 Tilt Brush

（虚拟现实绘图软件），打开软件，他发现自己仿佛置身于一个黑色空间，在这个空间里他可以用手上的控制器画三维物体。"在虚拟现实中度过25小时以后，我的生活发生了很大的变化，它在我身上留下了深深的印记。现在，很多东西对我来说都有点儿太过肤浅或不真实。"这个说法可能不像德国心理学家说的那样科学，但是十分类似。

注意力的分散

我上课时经常开玩笑说，斯坦福大学的学生如果拇指不动就抬不起脚。对很多学生来说，如果走路的时候不发信息好像缺了点儿什么，来帕洛阿尔托的人经常惊讶地看到学生们边骑自行车边发信息。这并不罕见。但想象一下，如果我们沟通时不再需要用手、不再需要读短短140字尚有拼写错误的信息，而是在完成日常工作的同时沉浸在虚拟的真实社交场景中，这听起来似乎不是很妙。

无论同时处理多任务的支持者说什么，注意力本身是零和的。[23] 我们的注意力只有那么多，而虚拟现实需要人们集中所有的注意力。佩戴耳机并相信自己处于虚拟世界中，对用户自己和其身边的人来说可能是危险的。在虚拟现实技术最初发布后的几个月里，媒体开始报道用户触及墙壁和吊扇、绊倒在咖啡桌前，甚至不小心打伤其他人的事件。这些事件中有些情景甚至被发到了 YouTube 上，成为一种新的喜剧类型。

虚拟现实对儿童的影响

到 2016 年年中，已有超过 60 亿美金被投资到虚拟现实内容开发领域，未来这些投资带来的将是内容的爆炸式增长，其中包括游戏、教育性节目和其他面向儿童的虚拟现实内容。然而，关于虚拟现实对儿童的影响的研究之少令人惊奇。儿童会对这些媒体做出什么反应至关重要，因为他们的前额叶皮质（与情绪和行为调节有关的区域）尚未完全发育。

在上一节中，虚拟现实应用长时间使用者所描述的模糊现实，虽然这个过程延续时间不长，但还是为儿童的虚拟现实技术使用提了个醒。举例来说，幼儿在看到或听到诸如语言叙事、图像和被修改过的照片之后，很容易形成虚假记忆。2008年我们在自己的实验室里做了一项研究，测试幼儿园和小学低年级的学生们在体验过虚拟场景之后和一个星期之后，区分虚拟经验与现实经验方面的能力。如在让儿童体验与鲸鱼一起游泳的虚拟现实之后，许多人形成了"虚假记忆"，认为他们实际上到海洋世界去看过虎鲸，而不只是在虚拟现实中见过它。[24]

虚拟现实内容如潮水般汹涌而来，我们决定通过比较儿童与电视中和与沉浸式虚拟现实中的虚拟角色的互动，来研究沉浸式的虚拟现实对儿童行为和认知反应的影响。在《布偶大电影》和《芝麻街》制作方芝麻街工作室的支持下，我们通过编程创立了一个模拟情境，让4~6岁的儿童跟虚拟角色——可爱而毛茸茸的蓝色怪物格罗弗互动。一共有55个孩子参与了这项研究。

与非沉浸式虚拟现实情况，即在电视屏幕上观看格罗弗相比，通过他们与格罗弗玩"西蒙说"游戏的成功程度来衡量，我们发现虚拟现实组的儿童在抑制因子的控制方面表现出很大的缺失。同时，体验身临其境的虚拟现实的儿童，更倾向于与虚拟现实中的角色进行互动和分享。[25]

这项研究表明，沉浸式虚拟现实引发的儿童的行为反应与看电视是不同的，孩子们对虚拟现实信息的处理，与对其他媒体信息的处理也不同。现实世界中，年幼的儿童往往很难控制自己的冲动，尤其是那些充满诱惑的事情，这就是"西蒙说"变得有趣的原因。即使她不说"西蒙说"，儿童只是想模仿成人。在电视上，这种诱惑并不难抵挡。当格罗弗没有说"西蒙说"时，孩子们便不会模仿这种姿态。但是在虚拟现实中，这种诱惑很明显，就像在现实世界中一样。无论是沉浸式体验本身，对自然的身体动作做出反应，还是隔离现实世界，这些让虚拟现实技术变得独特的属性，都使得这些诱惑难以抵挡。

头戴式设备的制造商一直很小心地承认虚拟现实给儿童带来的潜在危险，多数产品会给出使用年龄的限制和警告。例如，索尼在其出品的PS 游戏机虚拟现实中声明，考虑到其所基于的娱乐生态系统，任何未满 12 周岁的人都不应该使用他们的产品，但这很难做到。PS 游戏机中充斥着大量有趣的卡通形象、对儿童友好角色和游戏目录，使得这一警告看起来非常理论化却无可行性。

正如我常对记者说的那样，铀可以用来给家庭供暖，也可以摧毁城市。最终，虚拟现实技术与所有技术一样，既不好也不坏，它是个工具。虽然我为虚拟现实所能给大家分享的经验、带来社会变革的潜力及其释放出的创造力所着迷，并为之骄傲，但我们不能忽略其可能存在的阴暗面。促进对其负责任地使用的最好的方式是认清虚拟现实能用来做什么、知道作为开发者或者用户如何才能负责任地使用它。

这是因为当我们花越来越多的时间在网上交流、消费互联网媒体、看手机屏幕、平板电脑和笔记本电脑，日常生活中空前增多的虚拟元素已经让我们脱敏。虚拟现实在掩盖我们的生活和不安上达到了巅峰。这些都让虚拟现实给人们留下一个印象，即它让人无法抵抗，非常善于帮助使用者进入他们的理想状态，让他们失去在生活中直面各种挑战、摩擦的欲望和动力，而是选择退缩到一个人、与外界断绝联系的梦幻之中。

畅销书《摩托车修理店的未来工作哲学》的作者、哲学家马修·克劳福德在他的新书《凌驾生活之上》中对这一担忧做了探讨。该书针对数字技术如何影响我们在物质世界中的关系、影响我们选择重要或者需要特别注意的东西等议题的讨论令人深思。"随着我们的经验越来越多地为媒体表征所介入，我们脱离了自己直接生活的情境，很难说选择的原则是什么。我可以去北京的紫禁城虚拟旅行，也可以去一趟水下洞穴，这就像环顾房间一周一样容易。任何一个外国的奇迹、隐秘之处、原本对于我而言模糊的文化，在闲散的时间只要我好奇都是唾手可得的，这些都聚集在我的周围，似乎没有什么距离，但是我在哪里？"[26]

这个观点非常好。对虚拟现实技术的局限性保持小心谨慎很重要，尤其是考虑到媒体和业界对虚拟现实技术的一贯追捧。克劳福德担心数字模拟技术会掩盖生活中的波澜，认为遁入虚拟空间会误导我们，削弱我们在现实世界中生活和应对各种事务的能力。这当然有可能。但是，有没有一种虚拟现实可以增强我们与现实世界及他人的联系？如果我们能用虚拟现实来增强我们对他人观点的理解能力，或者更好地理解他人的经验，抑或理解我们的所作所为对人类共同居住的环境可能造成的影响呢？

第三章

VR带来了前所未有的
身临其境感

Experience on Demand

我们花了好几天时间才穿过沙漠，并最终抵达约旦。离开的那个礼拜，我的风筝被吹到了院子里的树上，不知道它是不是还挂在那里，我想把它找回来。我是锡德拉，今年 12 岁，上五年级，来自叙利亚的鞑拉省的庵吉城，在札塔里难民营度过了过去的一年半。[1]

　　这段话出自令人心碎的虚拟现实纪录片《锡德拉头顶上的云朵》的开头。这部八分半钟的 360 度沉浸式电影把观众带到约旦北部的札塔里难民营，这里住着 8 万名因内战而流离失所的叙利亚难民。影片里，随着年轻女孩锡德拉讲述着这个营地的种种，相应的生活场景在观众周围上演。你可以看到，她和她的家人每天都睡在一个经过改造的集装箱里；一个临时搭建的健身房里，男人们正举铁以消磨时光；紧接着你站到了一群年轻人中间，他们有说有笑地在一个很大的开放式烤炉上做薄饼；一下子你又站在了足球场中央，孩子们围着你踢球。从头至尾，通过翻译配音，锡德拉真切地讲述着这个正在上演的人道主义悲剧，一幕幕，都是常态。[2]

　　我第一次看《锡德拉头顶上的云朵》是 2015 年 4 月，在翠贝卡电影节上，我被影片给观众带来的身临其境感震撼。譬如，其中一个场景是孩子们在营地泥泞的路上排队等待上学，那些临时搭建的住所朝四面延伸，一眼望不到头。环顾四周，我所看到和感受到的辽阔，是受二维画面局限的照片和普通电影无法传达的。若无法亲自站在这个沙漠"临时城市"的中央，"8万"只不过是又一个令人麻木的数字、一个抽象的概念而已。在电影拍摄过程中，有些孩子被架在路中央硕大而奇怪的拍摄设备吸引，纷纷簇拥过来，或大笑，或做鬼脸，有的就只是仔细地观察。观看影片时，感觉他们真的在跟我们互动。这些孩子当中的大部分都像锡德拉一样，为了逃离死亡和破坏，才步行着穿过了沙漠最终抵达约旦。想到这些，再看到他们日常的嬉戏逗乐，让人唏嘘不已。

观影结束后，我看到身边的人摘下观影所需的三星智能头戴设备后在擦眼泪。很显然，影片触发了观众强烈的情感。没有充满戏剧感的配乐，没有巧妙的剪辑，也没有针对让人心生怜悯的脸部细节特写，这些传统电影拍摄中惯以用来激发人们情感的技巧在这部沉浸式的电影里统统找不到。在《锡德拉头顶上的云朵》中，观众直面的仅仅是一系列日常生活中的片段：烘焙、一家人一起开怀大笑、孩童玩耍、孩子们在学校学习。最大的不同在于，沉浸式的电影让观众感觉好像自己在跟影片中的人共度这些时光。

《锡德拉头顶上的云朵》是艺术家、电影制作人克里斯·米尔克在三星集团与联合国的支持下创作的，它不仅是一次虚拟现实纪录片的初步尝试，更是一个利用虚拟现实技术进行社会倡导的范例。2015年米尔克在做题为《终极共情机器》的演讲时说："我们正在拍摄这部电影，也会将这些影片放映给联合国的工作人员和访客们看，我们希望那些能真正改变电影中的生活的人能看到这部影片。"[3]演讲中他提到，虚拟现实技术独有的沉浸式特性让它特别适合用来分享他人的经验、增进我们对日常之外他人生活的理解。米尔克认为，虚拟现实技术以一种深刻的方式将人与人联系起来，它能够改变人们对他人的认知，这是其他媒体不可企及的，也是我认为它有改变世界的潜力的原因。[4]事实上，米尔克是对的，据联合国估计，虚拟现实体验让捐款者数量倍增。[5]

米尔克在虚拟现实技术方面所做的努力体现了他对这一技术的信念。作为这一新媒体的先锋导演之一，米尔克已创作了一系列虚拟现实短纪录片，其中包括为《纽约时报杂志》拍摄的《流离失所》，影片讲述了三位分别来自叙利亚、乌克兰和苏丹的儿童在战后重建自己生活的故事，为了配合这一使用虚拟现实技术采制的报道，《纽约时报杂志》随刊发行了一百多万份谷歌纸盒眼镜。米尔克的影片和其虚拟现实内容创作者所创制的内容，其实都在延续艺术史上一个古老悠久的传统，即用自己的媒介、以自己的方式促进共情式理解。《汤姆叔叔的小屋》利用文本叙事和插图，为北方读者生动地描绘了美国内战之前的几年中奴隶所承受的痛苦，是政治艺术无数杰作的代表之一；类似的还有弗朗西斯科·戈雅描绘了19世纪初骇人的暴力和冲突场面的《战争的灾难》系列（尽管这些作品直到几十年后才为人所知），以及雅各布·里斯在《另一半人怎样生活》一书中发表的纽约贫民窟的照片。艺术自诞生以来就承载着传达他人经验、促进共情理解的使命，尤其是苦难，这一点在绘画、雕塑、摄影、电影，甚至是近年来流行的某些电子游戏中都有所体现。

然而，是否所有具有共情属性的艺术形式都能改变人们的行为？关于这一问题的争议由来已久。一些人指出，有数据显示全世界战争和暴力事件大幅下降，并且认为这部分得益于人类在传播活动方面的进步，这一进步让我们走出与生俱来的、狭隘的部落野性，拓展我们的视野，构筑不断更新的道德体系。[6]由此，我们原本的趋内（趋向于自己的家庭或部落）本能被挑战，开始变得对外部族群更加包容。这一观点的实质即人们的理性思维，一旦与共情机制并重，会带来人性的飞跃。有非常多的数据都支持这一说法，但也存在十分显著的例外。有些人举纳粹德国和 1994 年卢旺达大屠杀的例子，指出人类社会的碎片化仍在加剧，暴力仍在继续，而这两个事件中，现代传媒实际上被用来宣传或丑化他人。

近年来，共情一直是心理学研究和争议的主题，但是许多科学家都一致认为，在共情中，有两个在心理上不相关的机制共同发生作用。一个是情感上的，是看到别人遭受苦难的时候条件反射式的反应，比如当你看到电视上的运动员受伤，你就会别过脸去，或者是看到恐怖片中特别骇人的场面，你也会转过头去，这就是这一机制发生作用的表现。共情的另一个机制是认知上的，即大脑对别人的感受及其成因的认知能力。一些心理学家认为这就是共情发生机制的全部，然而我认为这并不完整。因为像心理病态者、骗子、施虐者等，他们可能很容易由情绪或认知引发同理心，但往往缺乏常被与同理心相联系的亲社会的品质。因此，我更认同由我在斯坦福大学的同事贾米尔·扎基所提出的构想，他在原本两因素的理论基础上增加了一个描述动机的因素，即"完全共情"。试想一个对他人痛苦产生了情绪性或认知性反应的人，是不是也会产生帮助他人减轻痛苦的欲望？人们是不是从一开始就把自己置身于难以忍受的情绪体验之中了呢？[7]

扎基的同理心模型很有启发意义，它认为共情不是无意识产生的，而是我们的选择。他认为，某些时候我们之所以回避共情，是因为这会增加我们的情感负担，耗费我们的情感资源。为了更好地解释这一模型，扎基举了看电视的例子，假设大家都知道电视台接下来将会播出一档白血病筹款的节目，节目的主要内容是白血病患儿自述，尽管人们都同意这将激发观众的同理心，但大家内心其实会纠结要不要看这档节目。有时出于好奇可能会继续观看，也可能会为回避这些故事带来的内疚感或难受而换台。

还有一个例子，在路上遇到一个流浪汉时，大部分人都不会驻足片刻，想象睡在大街上是种什么样的感觉。就算有人这么做了，依然很难共情，因为对很多人而言，体会睡大街的感觉会带来长时间的不悦。相比之下，我们经常选择忽略他们，或想办法把他们的悲惨生活抛诸脑后。比如在脑海中演绎一个小故事，把他们的困境归结于他们的自我选择。我们可能会对自己说，这人无家可归的确可怜，不过谁让他嗑药或被炒鱿鱼呢。我们把许多他无法控制的因素排除在外，譬如致贫的重大疾病或是心理疾病等。

　　共情需要一定的牺牲，严肃紧张的环境中，共情有可能带来持续可感的心理痛苦和创伤。这在医生、护士、心理咨询师和急诊医师等职业中很常见，他们每天都要面对人们极端的痛苦，自己也承受着负面的心理影响。心理学家称其为"共情疲劳（症）"，共情到达极限就会导致紧张和压力，最终导致焦虑、梦魇、分离、易怒以及过度疲劳等问题。[8]

　　相比之下，有的职业，尤其是竞争激烈的职业，则需要从业者在某些情况下压抑共情的发生，如政客、士兵和职业运动员，他们都有充分的理由选择是否共情。没有人完全没有同理心，我们生活的世界中存在惊人的不平等，人们要为此承受巨大的情感代价。如果不是刻意地选择忽略，少有人能够对周围的不平等和痛苦置若罔闻，只顾过自己的日子。

　　共情的特质并非一成不变，而是会受文化和传播文化的技术影响而改变，这并无好坏之分，有些可以是我们对他人的感受脱敏，有些可以增强我们的共情能力。研究表明，培养共情能力最好的方法之一是转换视角，或者是从他人的角度来想象这个世界，这一方面的专家首推心理学教授马克·戴维斯，他一生中大部分时间都在佛罗里达州圣彼得斯堡的埃克德学院从事教学科研工作。戴维斯设计了"人际反应指数"问卷来衡量视角转换的程度，这也是目前最流行的测试转换视角的工具。问卷让受试者就他们与一系列描述的相符程度进行打分，比如"在批评他人之前，我试着站在对方的位置并思考我会有什么感受"，或是"看电影时，我很容易把自己代入某个主角中"。[9]1996年戴维斯发表了一篇经典论文，阐述了视角转换的作用机制。其标题"视角转换对他人的认知的影响——自我与他者的融合"说明了一切。[10]他过去几十年的研究表明，当人们从他人的角度去看这个世界时，自我与他者的距离和分歧就减少了。理论上来说，用跟别人相同的方式思考会导致认知结构的变化，这样一个人对另一个人的看法就会变得更相近。

哥伦比亚大学商学院教授亚当·加林斯基于2000年的一项研究表明，视角转换导致同理心的产生。实验中，受试者（大学生）被要求看一张老人的照片，然后写篇文章描述这个老人的一天。其中一组除了被告知要写老人的一天外，没有收到其他任何明确指示，而另一组则被告知要转换视角，也就是在写文章时要站在老人的角度以第一人称叙述。比起控制组，进行了视角转换的小组成员展现了更多的同理心；在随后进行的心理反应时间测试中，他们识别出表达消极刻板印象、带有偏见性质的词组所花时间更长；此外，在文章中，他们对老人的态度更加积极。但问题是，有多少人在日常生活中能主动发挥这种转换视角的想象力呢？[11]

考虑到虚拟现实技术能够创造几乎真实的体验，允许使用者从多个角度来看待同一个虚拟现实，有人可能觉得虚拟现实技术特别适用于进行视角转换的训练。毕竟，通过虚拟现实技术，用户不再需要完全依赖于自己大脑的认知活动来实现站在他人的立场上看问题的目的，同时突破了那些阻碍视角转换的心理动力障碍。

与此相关，由于共情对象的心理模型会被客观地、细致地再现，刻板印象、错误或令人心安的叙述将不再是问题或阻碍。举个例子，若一个年轻人对老人有消极的刻板印象，那么简单地要求他去想象老人的世界可能会强化刻板印象，其脑海中出现的可能是老人缓慢、节俭、喜欢讲无聊故事的形象。但是，如果通过虚拟现实来做避开刻板印象的情境设定，转而展现老人有优势的一面，则能够达到防止刻板印象加深的效果。在进行视角转换的时候，人们也许并不知晓事情相对正确的原貌，而虚拟现实则能够更加准确地引导人们做到这一点。

当然，任何媒体都无法完全捕捉他人的主观体验，但通过充分挖掘并以真实的第一人称视角，虚拟现实似乎的确具备一种新的、能够增强同情心的能力。我们可以阅读关于难民的新闻描述或者相关纪录片，但这些媒体形式要求受众有较强的想象力。文字叙述尽管能够提供许多关于难民营的信息，却很难传达出生活在其中的真实感受。我们并没有一个"内心图书馆"来储存合适的场景、声音以及故事，供我们想象难民的感受。而虚拟现实则能够传达营地环境的现场感、居住地的狭小感，以及营地的真实大小。它能让锡德拉和难民营里的其他人活生生地出现在人们眼前，而纪录片做不到。

似乎所有人都想当然地认为，虚拟现实能够以前所未有的方式培养人们的共情能力，但是事实果真如此吗？

虚拟镜子里看到了什么？

我们实验室自2003年起就从事虚拟现实的相关研究，发表了一系列论文，主题涵盖年龄歧视、种族歧视等领域，并为身心缺陷者提供帮助。对于虚拟现实到底是不是"终极共情机器"这一问题，我们的答案是"这很复杂"。很多研究中，相比对照组，虚拟现实组确实展现了其优势，但它并不是万金油，并非每次都管用，且每次的效果大小都在不断变化。我们的第一项研究针对年龄歧视，即年轻人对老人偏见的研究出版于2006年，但我们从2003年就开始设计、开展这项研究了。我们从加林斯基的实验中获得启发，他在实验中让受试者看老人的照片并试着想象该老人的世界。但我们决定不让受试者去想象。

首先我们设计了一面"虚拟现实镜子"（简称"虚拟镜子"），挂在虚拟实验室中，受试者从其中看到自己的镜像。我们让受试者走到虚拟镜子前，花 90 秒的时间对着镜子比手势，然后近距离观察自己的镜像。她先是左右晃动头部，然后歪头用耳朵碰到肩膀。镜子里，她的镜像也做同样的动作。然后她往前走一步，同时看着自己的镜像跟着变大；一会儿，我们让受试者弓身出镜框，这样她无法看到自己的镜像，然后再猛地挺身回到镜面内，并看着自己的镜像也一并回来。

虚拟镜子是让我在 20 世纪 90 年代末迷上虚拟现实的应用之一。当时我第一次拜访加州大学圣塔芭芭拉分校，在虚拟现实领域先驱之一杰克·卢米斯的实验室中看到了虚拟镜子。杰克在用虚拟现实进行远程审判、想象等认知心理学议题方面已经有了深入的研究。他天才般的好奇心超越了人类的视觉系统，促使他发明了虚拟现实镜子。1999 年刚被发明出来的时候，虚拟现实镜子并没有多少科技含量，用户的镜像既笨重又机械，且只能转动头部，或在没有任何手部或脚部的动作时前后移动。但其影响力依然很大，在虚拟现实中待足够长时间之后，你会感觉那个笨重的镜像真的变成自己的身体了。这对我们这些后辈颇有启发，我到斯坦福后制作的首批虚拟现实实验之一就是虚拟镜子。

虚拟镜子基本工作原理与 20 世纪 90 年代普林斯顿大学两位科学家进行的著名的"橡胶手错觉"实验如出一辙。实验开始时，受试者被要求将一只手放在桌面上，另一只手放到自己视线看不到的地方，取而代之在同一位置的是一只橡胶手。实验过程中，受试者被要求盯着橡胶手而不是真手看，接着神经科学家用笔刷同时轻刷藏起来的手和放在桌上的假手，当两只手都同时被刷子以同一个方向轻刷的时候，受试者就会开始认为橡胶手是自己的真手。[12]

这是怎么被发现的呢？原来，当受试者被告知要用手指自己的手时，大多数情况下他们会指向橡胶手，而不是藏在桌子底下的真手。有趣的是，假如刷动的时间和节奏没把握好，错觉就会消失，如果同时进行，则好像假手变成了身体的一部分，如当研究者用针扎橡胶手时，功能性磁共振成像扫描显示，受试者大脑中参与痛觉感知的部分和控制受刺激时移开手的部分起了反应。这个里程碑式的"橡胶手错觉"告诉了我们如何诱使身体进入镜像身体，如果一个人看到他的镜像身体被一根木棍轻戳，感受到自己的胸好像也被戳了一下的时候，就说明他把这个镜像当成了自己身体的一部分。许多研究表明，这是人们把意识转移到镜像身体的表现。这种镜像技术如今已被广泛使用，神经科学家称之为"身体转移"。[13]

　　当一个人看到自己的镜像身体，无论是从第一人称视角看自己的数字身体，还是看一面虚拟的镜子，只要动作的发生是同步的，其大脑就会把虚拟身体当成真的身体。从进化论的角度来看，这是因为大脑很少有机会处理一个看似是但实际上并不是完美的镜面反射的对象。由于我们可以在虚拟现实中任意创造数字镜像，这就为人们拥有肉体之外的身体这一超现实的状态提供了可能。当镜像在认知意义上与自身融为一体，自身就变得可塑。虚拟现实镜子让人可以变成另一个人，用自己的脚走上 1 英里[①]，镜像是本人，可以变大，也可以长出三只手，甚至变成别的物种。

　　在年龄歧视的研究中，我们设计了一个老人作为镜像。[14]首先，我们要求一组大学生受试者观察虚拟镜子中的镜像并做一系列动作，以此逐步实现身体转移，镜像会与他们的动作保持一致。其中，半数受试者看到的镜像是与自己的年龄及性别相符的，另一半看到的是与自己性别相符，但年龄在八九十岁的镜像。一旦完成身体转移的过程，他们就从

①　1 英里 =1 609.344 米。——编者注

镜子前移开，接着看到一个同伴——一个用网络传输到虚拟现实中的人，这也是实验的一部分。从受试者的视角看，那只不过是房间里另一个自己的镜像而已，但与自己年纪相仿。并且这两个镜像能够一起在房间内讲话或者活动。我们明确地告诉受试者，他们在虚拟镜子中看到的图像，就是他们自己呈现在别人的虚拟环境中的样子。换句话说，从受试者的角度来看，他们的同伴会相信受试者相比他们更老，而不知道这些镜像并没有反映其真正的年纪。

这个同伴接着让受试者往前走一步，并向其提问，如"跟我谈谈你自己"或者"什么让你感到快乐"等。设计互动的环节，是想要突出这一模拟场景中的社会角色。最终，受试者会被要求做一个简单的记忆练习，重复一张单子上的 15 个单词。这个记忆练习是为了强化一个事实，即受试者的身体被年老的虚拟镜像化身塑造和改变，因为记忆力不好是社会对老年人常见的刻板印象之一。我们发现，当镜像是老人的大学生的记忆力被其他年轻镜像质疑的时候，对比尤为明显。这样的设计目的在于让受试者意识到他们关于老人的负面刻板印象，从而激发他们站在他人角度上考虑的意识。

在这项研究中，比起那些被分配到年轻镜像的受试者，总体上来说，被分配到年老镜像的受试者在描述老人时使用了更多积极的词汇。例如，当受试者被要求写下想到老人首先出现在脑海中的词时，相比"有皱纹"，他们更可能写"有智慧"。接着我们又尝试了 3 种常见的偏见测量法，结果是只在"单词联想测试"中发现了明显的年龄歧视表现。这一方法在心理学中由来已久，测试中，实验者首先向受试者提出一个开放性的问题，比如"想到老人的时候，你脑海中最先出现的 5 个词是什么？"，然后由两位不担任实验者的人员进行编码，判定他们的回答是消极的还是积极的。结果显示，两组之间的差别大概在 20%，改善很明显。尽管从我们的结果来看，这三种相互独立的方法并没有给出一致的结果，但仍然让人备受鼓励的是，短短 20 分钟的虚拟互动能够完全改变一个人的负面刻板印象。[15]

几年之后，在 2009 年，我和我的博士生维多利亚·格鲁合作，用虚拟镜子研究种族议题。[16] 她认为当白人被分配到黑人镜像时，种族共情会更容易被激发。她解释道，当一个白人站在黑人的角度上思考时，其种族刻板印象会消失。她做了约 100 位受试者的实验，其中各有一半人被分配到黑人和白人镜像。上述实验中的"同伴"帮助模拟了一个工作的面试，受试者被要求回答天赋和与工作经验相关的问题。

与年龄歧视研究一样，我们运用 3 种相互独立且已经过验证的偏见测量方法。这一次又出现了跟年龄歧视研究相同的情况，三个方法中只有在用来测量对积极和消极概念的反应时间的隐性联想测试中显示出了明显的差异。但是我们发现，分配到黑人镜像起到的效果跟我们在年龄歧视研究中观察到的相反，实际上它加深了人们的隐性种族偏见。换句话说，被分配到黑人镜像会引发更多种族刻板印象而不是创造共情。令人惊讶的是，这种情况不仅发生在白人参与者身上，对黑人参与者同样适用。[17] 虚拟种族主义很复杂，黑人镜像实际上会强化刻板印象，使其更明显。

2016 年秋，我与著名的哈佛大学心理学家、隐性联想测试的最初创建者马扎林·贝纳基进行了交谈，她是隐性种族偏见方面的世界级专家。她读过我们的研究报告，并且想要讨论未来可能的合作。她对这项研究的反馈很明确，即如果事先知道我们的步骤，她可以预测到同样的结果。

社会心理学研究表明，关于某一社会群体的刻板印象的维度，如性别和种族等生理特征，可以让人联想到与这些群体相关的概念。这些概念通常是主流的，且多是消极的，是能直接影响人们认知、态度和行为的刻板印象。例如，一些美国人认为黑人有暴力倾向的刻板印象已经被很多研究证实。这种隐性的偏见会在人们无意识和无动机的情况下自动出现。我们的研究结果最好的解释是我们并没有成功地让人们转换视角。这应该归结于技术不成熟带来的局限性，当时我们使用的硬件系统非常简单，无法追踪手臂活动，只能实现身体的小幅度转移，所以实际上身体转移是否发生很难确定，也许它并没有发生，我们仅仅激发了受试者原有的消极种族刻板印象，导致我们看到相反的结果。

但也有好消息。

几年之后，梅尔·斯莱特和他的同事在巴塞罗那进行了类似的研究。斯莱特拥有一些顶级的虚拟现实技术，也是在身体的镜像转移领域的世界级专家。他的技术能做到的身体动作追踪比我们早期研究中能做到的都更准确彻底，更能保证身体转移的发生。他的研究中隐性关联测试显示，相比对照组，被分配到黑人镜像组别中的白人的种族偏见减少了。斯莱特和他的同事们得出结论："虚拟镜像可能会改变消极的人际态度，因此它是探索这种社会现象的心理基础的有力工具。"[18]

目前这方面效果最强的例子是孙祖安的研究。她曾是我的研究生，现在是佐治亚大学的教授。她于 2013 年做了三个实验，探索在虚拟现实中变成色盲的经验能否增强人们对色盲患者的共情。[19]受试者首先会被告知关于红绿色盲的基本信息，然后戴上头戴式设备，进入虚拟现实，做一项如果不能区分红绿色就会特别困难的任务。一半的参与者所看到的虚拟现实中加入了色盲滤镜，这使得他们能准确地体验到红绿色盲，另一半则仅仅被告知要想象自己是色盲，没有任何其他措施。

实验中，离开虚拟现实环境后，前者对色盲人士给予帮助的时间几乎是后者的两倍。这一"帮助"的内容是，受试者与一个自称希望建立色盲友好网站的学生团体合作，查看网站的截屏，并写出为什么色盲患者无法浏览这些网站，以及有什么可以改善之处。受试者被明确告知这是志愿服务，与实验本身无关。我们记录了受试者参与志愿工作的时间，结果显示虚拟现实的体验增加了他们的帮助时间。[20]

　　参与者的非正式反应常常能揭示出一些微妙的东西。"我觉得自己就像一个色盲患者，处在一个完全不同的世界。这让我意识到他们在生活中做某些事情，比如说开车，是多么艰难。"这说明，虚拟现实在向用户分享那些存在生理缺陷的人面临的挑战方面有独特优势。经历身体转移并与少数群体的镜像相融合，而后体验被歧视的感觉，这是非常发人深省的，但虚拟现实无法穷尽人们日常生活中遭受歧视的各种微小方面。然而，传播身心缺陷人士面临的困难变得更加容易，但是在实验反复验证这一优点之前依然要小心，不能夸大。有研究表明，用虚拟现实设计残障体验时仍须谨慎。例如，阿里莱尔·米歇尔·西尔弗曼关于盲人的共情实验已经表明，事实上让一个看得见的受试者突然失明刚开始所导致的方向感迷失，增强的也许是歧视而非共情，因为他们经历的仅是突然失明的创伤，而不是长时间失明的体验，也无从知道要应对长时间的失明需要怎样的能力。一个健全的人，在这项研究中也许只会关注应对突然失明的难处，而不会感知到，盲人并非传统意义上的失能者。[21]

　　我们还让"变成"色盲组的受试者填了一份问卷，以评估研究结束24小时后他们对色盲人士的看法。结果显示，对于那些总体上很难关心别人的人，也就是上面提到的人际反应指数得分较低的人，"变成"色盲比想象自己是色盲，更能让他们对色盲人士变得友好，这初步证明了虚拟现实对于很难产生共情的人来说很有效。那些具有普遍共情能力的人，在实验结束24小时后态度并没有发生变化，但对于很难产生共情心理的人而言，虚拟现实技术可以被用来提高他们转换视角的能力。[22]

"共情与多样性"项目

2014 年，罗伯特·伍德·约翰逊基金会一位项目负责人到访我们的实验室，体验了我们制作的一些以共情为主题的虚拟现实实验。我大致向他解释了相关研究的方法论基础，即"身体转移 + 虚拟经验"。她很好奇，但也存疑，于是我们讨论了虚拟现实促成共情效果的稳定性。即大多数情况下虚拟现实共情似乎只在实验室的条件下才起作用，但是效果强度如何？持续性呢？

这次谈话之后，我们合作了一个为期三年的项目，旨在检验我们的研究成果，理解虚拟现实在实验室外现实世界中的作用，这就是"共情与多样性"项目。2016 年年初的第一批实验中，我们的目标是寻找虚拟现实共情的边界条件。寻找边界条件主要通过重复同一个实验，并在每次重复之时改变一些条件，以此来寻找"天花板"，即效果停止重复的临界条件，这是心理学界目前流行的一种验证实验结果有效性的策略。很少有研究结果在生活中通用，因而了解每一种工具的边界变得很重要。我们对这些工具可能带来的威胁很感兴趣。局面紧张时，转换视角和共情无疑是最重要的。我每个月都会收到一些人的来电，建议用虚拟现实来消除处于交战国家之间的隔阂，交战意味着严峻的紧张局势已然存在，心理学家们称之为"威胁"。

我们重做了年龄歧视的实验，再一次用虚拟镜子让受试者体验变老。第一次，与前述加林斯基的研究类似，我们要求受试者要么想象自己变老，要么在虚拟镜子中"变老"；此外，我们还调整了"威胁"的程度高低。高威胁条件下，受试者在进入虚拟现实之前被要求阅读一篇名为《老年人直接威胁到美国年轻人》的文章。低威胁条件下，文章变成《人口结构发生变化，美国已经做好准备》。两篇文章都是关于人们活得更久的趋势的影响，不同之处在于一篇把这一趋势认定为威胁，另一篇则强调美国已经做好了应对的准备。然后我们加重了实验的影响，让他们写一篇文章仔细反思这一人口发展的趋势及其对自己生活的影响。也就是说，实验共设置四个条件，一半的人想象自己变老，另一半则"真的变老"，每种情况下，又有一半人的生活受到老人的威胁，另一半人则没有。

　　这次研究中，虚拟现实成功地缓解了威胁。想象自己变老组的受试者，受到威胁使他们对老人更少地产生共情，这与我们的预测一致，对那些可能伤害我们的人，我们很难共情。但对于那些在虚拟现实中通过身体转移变老的人，情况恰恰相反，与那些没有受到威胁的人相比，受到威胁的人实际上更倾向于共情。对于这样的结果存在一个可能的解释是，比起完全靠想象，通过虚拟现实受试者也许更容易站在老人的角度上考虑问题。与在色盲研究中类似，当群际环境让人们难以转换视角时，虚拟现实可能特别管用。

　　但现在让我们来聚焦边界效应。我们做了第二次研究，这次威胁变成针对个人的，不再让受试者阅读关于老年人的文章。我们创建了两个老年人的镜像化身，让受试者在虚拟现实中与他们互动。测试环节我们采用了心理学家吉普·威廉斯设计的经典游戏——网络投球游戏，该游戏专门用来引发社会排斥。游戏中，三个人要一起玩接球，随后所有人不再向其中一人抛球，将其排除在外。[23] 这乍听起来似乎没什么，但就很多使用这一游戏的实验来看，被忽略的感受很强烈。排斥确实会造成伤害，一些研究表明在游戏中被排斥会引发功能性磁共振成像的图像中与疼痛相关的大脑区域变亮，还有些研究表明这会让人感到难过。

　　我们的研究设计中再次使用了同样的四个条件——想象和虚拟现实，高威胁与低威胁。不管在哪种条件下，受试者在进行视角转化之后都要戴上头戴式设备，与两位伙伴进行抛球游戏，两个伙伴很明显都是老人。高威胁条件下，受试者在30次抛投中共接到了3次；无威胁的条件下共 10 次，这是正常的比赛中会出现的结果。[24]

　　研究结果表明，相比第一次研究中阅读与老人相关的材料，第二次研究所使用的威胁强度是第一次的两倍。根据受试者的自我报告，只接到 3 次球的人感到愤怒和被冒犯，且在几乎所有衡量共情程度的方法中，受到威胁的受试者后来对于老年人的共情程度要低于那些在游戏中被真正接纳的人。但关键数据反映出虚拟现实的效果。与第一次研究中令人看好的结果相比，在有着更加紧张、更多体验和刻意威胁的第二次研究中，虚拟现实和想象之间没有表现出差异。换句话说，沉浸程度的提高不足以抵消人们回避共情的心理。相反，当受到威胁时，参与者对老年人始终表现出消极的态度。对比这两项研究，初步证据表明，当群际威胁是间接的，虚拟现实下的视角转换对于培养针对其他群体的积极行为是有效的，但是当威胁变得更加具体、更加与经验相关时，其作用就没有这么明显。

　　我在本节中描述的所有研究，如同绝大多数心理学研究一样，都存在一个主要的局限。这个显而易见又被忽略的事实是，基于实验样本的发现得出的结论并不一定适用于所有人，我们所搜集的数据决定了我们只能就实验中的样本群体做一些具体的推论。也因为如此，心理学领域中的大部分研究只能真实反映来自上层社会、接受过大学教育的、学习过《心理学导论》的 22 岁以下的人的情况。

　　黑兹尔·马库斯是斯坦福大学的心理学教授，他关于心理过程的文化差异的基础性研究为人们所广泛认可。事实上正如他的研究所显示的那样，看起来经得起推敲的研究结果，如果推广到大多数人身上，也可能会出问题。比如，我还在读研究生的时候，我和一些心理学家与人类学家一起检验过这一"基础性的"心理学研究发现。我们用了认知心理学课本中的一个推理题，即在人们给事物自然分类的过程中，基于相似性的典型性和中心趋向的概念如何发生作用。我们来看下面两个论证：

知更鸟有籽骨，所以所有鸟类都有籽骨。

企鹅有籽骨，所以所有鸟类都有籽骨。

哪个论证更可信？本科生会说是第一个，很多读者都会同意。知更鸟更像典型意义上的鸟类，所以它们身上的一个特征更有可能推广到所有鸟类。但是我们的研究发现，对于在这一领域有更多专业知识的人而言，这一推广并不成立，比如芝加哥地区的观鸟者和墨西哥伊塔玛雅族人。相比本科生们，他们与鸟类的互动更多。

所以，认为共情机制在不同人群中也不同这一观点是有道理的。贾米尔·扎基最近设计了一个框架来理解共情的动机。他特别关注个体差异，认为至少有三种动机让人们避免共情：避免情感上的痛苦；避免物质代价，如捐款；担心在工作中或社交场景中因共情而表现得较弱。相似地，也有三种动机让人们倾向于共情，分别是：做一件好事，这很棒；强化与群体内成员（如朋友、家人）的联系；想要成为他人眼中的好人（社会期许）。要真正理解虚拟现实共情的条件如何发生作用，有足够大的样本很重要，要大到足以涵盖上述提到的多样性。[25]

为了一探究竟，我们发起了一个名为"共情与多样性"的研究项目，希望能招募1 000名受试者，来检视相对于如叙事或数据等典型的媒体技术，虚拟现实在促进共情方面表现如何。这1 000名受试者之所以很独特，不仅是因为其数量之大，还在于其多样性。我们将虚拟现实系统安装在路上（用的是移动虚拟现实设备）、博物馆里、图书馆附近、节庆场合以及展会，这样我们就能接触到非大学生受试者。

2017年9月，我们做了两次研究，共搜集到2 000多名受试者的数据。这是一场冒险，实验前，我们发表了一篇文章，详细总结了我们从虚拟现实领域既有研究中学到的东西，从如何让不能长期站立的人参与进来，到帐篷的线应该朝哪个方向画，到如何在公共场合提醒大家我们在做研究，诸如此类。更有趣的一点是，大学生和非大学生在填问卷时花费的时间也有所不同。大学生作答飞快，而非大学生则花更多的时间阅读和回答问卷。在实验室中，我们在大学生中开展了一个模拟研究，并得出结论每份问卷大概需要 25 分钟，而实际研究中每份问卷花了 45 分钟。

我们模拟的情境是"变得无家可归"，在 2017 年 4 月的翠贝卡电影节中，这作为一部虚拟现实电影进行了首次公演。受试者在这个过程中体验了从有家有工作，到失去一些再到无家可归的过程，这一过程是渐进的。受试者先是失去工作，被迫变卖财产；然后因为无法付房租而被赶出公寓，被迫睡在自己的车里，这时候他还要继续找工作；然后一天夜里，当他睡在自己车里的时候当地警察来了，并因为他违反了当地的条例开出了罚单；他卖了车，当他试图在公交车上睡一会儿的时候被人羞辱了一番。在我们的设计中，这一场景不仅感人、引人入胜，还十分注重互动。比如受试者被迫要在他公寓中的物件中选择卖掉一样东西，是沙发、电视，还是手机？我们让大家在拥挤的小汽车空间里刷牙。在公交车上，受试者必须看管好自己的包，并抵挡睡觉时靠近的陌生人。

受试者数量到 900 的时候，我们开始梳理研究结果。总体而言，虚拟现实组相比控制组表现得更好，后者中受试者的任务是读一段关于变得无家可归的文字，或是看一组关于无家可归者的数据。与控制组相比，有虚拟现实经验的人在问卷中表现出了更多的共情，更倾向于在支持发展经济适用房的请愿书上签字。但就像在其他研究中一样，虚拟现实的效果在不同的自变量上表现不同。从研究结果来看，超过半数的样本效果是一致的，但这并不是最终结果。看起来虚拟现实是我们选择的 4 个媒介中效果最好的，尽管效果本身是有限的。当然，我们还在继续分析这些数据。

虚拟现实的共情应用

2003 年我到斯坦福大学担任助理教授。我当时最重要的工作之一就是给我的新实验室寻求资金支持。身处硅谷，在走传统的路线寻求美国国家科学基金会等政府机构支持的同时，我也寻求产业界的帮助。我在斯坦福得到的第一笔经费来自思科公司，目的在于研究虚拟现实中的社会互动。

玛西亚·斯托斯基是思科的执行官，她很有想法。她到访我们的实验室，体验了虚拟镜子并仔细看了我们的研究之后，打消了心中的疑虑。她敦促我思考虚拟现实如何用来做多样性培训。企业和其他机构在多样性培训方面做了很多努力，用了各种资源，但是方法并不完善。虚拟现实技术会表现得更出色吗？

在 2003 年到 2010 年我获得终身教职期间，我用虚拟镜子做了很多实验并基于此发表了一系列文章，大部分都是关于普罗透斯效应的，即当人们"穿戴"化身时，他潜移默化中就"变成"了那个化身。身着更高的化身人在协商时更加强硬，身着更有吸引力的化身人说话的方式更适应社交场合，身着更老的化身人更在意长远的未来。这一理论工作旨在理解化身改变人的心理机制。

但玛西亚在实验室对企业多样性培训的反思，在我的脑海中不断回响。虽然这个想法听起来很有前景，如通过虚拟现实的相关应用教大家在工作环境中有哪些骚扰可以预防，但是执行起来效果并不理想。

实际上，研究支持了玛西亚的反思。在哈佛大学社会学家弗兰克·道宾 2013 年发表的一篇论文中，他对现有的、关于多样性培训的研究进行了综述。道宾和他的合作者得出结论：那些希望通过多样性培训、多样性表现评估和官僚制度来应对管理者偏见的努力都不是很有效。[26] 我的经验与此一致。在斯坦福大学，每隔 18 个月我就要被叫去参加一次类似的培训，要么是看相关的影片，要么是做类似于驾校测试的在线测试，通常是阅读一些个案，然后做关于个案中各种行为是否合法的题目。有总比没有好，但在我看来，这些都不能改变思维方式，充其量只是给些应对办公室骚扰的实用建议。

2003 年的时候，开发集团培训软件是我最不想做的事情。我每周忙于发论文，需要工作 80 小时，对于开发新应用着实是分身乏术。但在我获得终身教职后，我有了更多的时间投入到我们实验室的规模化工作中。斯坦福大学鼓励我们朝外看，将我们的研究成果推广出去。

NBA 总裁亚当·肖华 2015 年到访我们的实验室。当时他和 NBA 其他执行长正在硅谷进行一次技术之旅。他一开始的想法是用虚拟现实技术让粉丝只需要在自家客厅里就可以获得在球场观赛一般的体验，甚至是更好的体验。我很礼貌地告诉他，我认为这并不是一个好主意，连续使用两个小时的穿戴式设备听起来并不美妙。但是真正抓住这个团队眼球的，尤其是 NBA 人力资源总监艾瑞克·哈切森先生的注意力的是多样性培训。我们以此为主题进行了长达一个小时且内容丰富的讨论，NBA 团队对此非常感兴趣，希望可以进一步合作。

几个月后，NFL（美国职业橄榄球大联盟）总裁罗杰·古戴尔也到我们的实验室聊多样性培训相关事宜。NFL 和 NBA 一样带来了其大部分的执行团队，这个庞大的团队来硅谷是希望寻求新的技术以提升粉丝体验以及球队本身。这次到访，反应最好的是 NFL 的首席信息官米歇尔·麦肯纳 - 多尔女士，她通过我们的虚拟现实系统模拟了一次 NFL 四分卫。结束时，她的反应非常有趣，她说她一直以来都认为自己对橄榄球的了解不比她的男性同事们少，但是他们总是告诉她"你从来没有上过赛场"，所以经常对她的想法表示不屑。有了虚拟现实经验之后，她觉得自己上过球场了。离开实验室的时候，她真切地觉得自己对赛事有了新的理解。

看到麦肯纳 - 多尔的反应，STRIVR 公司的联合创始人之一、NFL 前四分卫特伦特·爱德华兹提出一个有趣的观点。他说让粉丝能用四分卫的视角看比赛，可能真的能够提升他们对赛场状况的理解，让他们更加理解比赛之难。虽然薪水很高，但运动员也是人，这样的做法能够减少他们收到威胁邮件。

过去几年里，我们开发并测试了一个多样性培训系统，并在 NFL 试用。NFL 中最支持这件事情的是特洛伊·文森特，他曾经是 NFL 的后卫，现在是 NFL 橄榄球运营的执行副总裁。我们 2016 年到访 NFL 总部见到特洛伊聊起这个项目的时候，他的想法给我留下深刻的印象。他建议我们不要从球员开始，而是从管理层开始，包括执行团队、金主和主教练。NFL 是一个庞大的组织，改变一个组织的文化从高层开始比较好，所以我们决定以此为着手点。我们对 NFL 的工作人员进行了一次模拟面试，这一面试旨在训练大家避免种族和性别偏见的能力。接受培训的人要多次进行这样的模拟，以练习如何管理我们都有的、已经内化了的偏见。这样的做法意在通过重复多次的练习让管理人员就算不能克服,至少也要能适当管理自己的偏见。这一系统在 2017 年首次使用,当时球探们在面试新秀，很快他们将在 NFL 发挥更大的作用。在接受《今日美国》采访时，文森特这样描述自己的愿景：今年下半年我们会启用虚拟现实进行训练，我们希望能为球员提供最好的训练环境。

"变成一头虚拟牛"

人们不仅会对其他人产生共情，而且很多人珍视小动物的程度不亚于人，他们会给自己的宠物购买昂贵的食物和福利。随着人类共情对象范围的扩展，虽然对于动物权利倡导者来说我们还有很长的路要走，但是我们看到原本被虐待或被随意对待的动物们，现在也变成了道德上需要被关注的对象。可能虐待动物问题最严重的是我们的大农场农业系统，农业因为我们对便宜肉类的强烈需求被产业化。正是对这一问题的关注催生了实验室中最令人惊奇的虚拟现实共情实验，这个实验在 2013 年由我的学生主导。

约书亚·博斯蒂克是本科生中少有的、坚持叫我拜伦森教授而不是杰里米的学生。他目前在攻读硕士学位，本科阶段他就在实验室里断断续续地工作了几年，熟悉了这里的工作环境之后，他开始参与研究，并负责接待实验室的公众参访。在这期间，约书亚从研究助理转型成一个学者，从我认识他开始，他一直心心念念一件事：让人类用上牛的化身，以此来减少肉类消费以及对餐用牛肉的极高需求带来的环境后果。

他刚提出这个想法的时候，我有些迟疑，并礼貌地建议他实际一点儿。虽然在努力减少吃肉，我偶尔还是会吃一个汉堡，而且不想看起来像个伪君子。"我也是的"，他回答说，他告诉我他喜欢吃牛排，做这个研究并不是要把人们变成素食者，而是要减少食肉量，由此减少能量消耗、减少森林砍伐和与养牛相关的二氧化碳排放。他让我想起了坦普·葛兰汀为了减少动物被宰杀前的压力和恐惧而对屠牛场进行的人性化改革。这一想法来自他从动物的角度想象其经验的能力，可能与其自闭倾向有关。约书亚的激情和坚持感染了我，做了一些讨论之后，我给他的实验开了绿灯。

以后几个月我们挑战了实验室技术的极限：做虚拟现实研究的挑战之一就是我们必须做很多编程和工程工作来建立起研究的场景。我们创造了一个能够在人们爬进实验室时实时捕获人们手臂、腿、背部和头部动作的系统，当受试者戴上头戴式设备，并四处爬行时，眼中看到的自己便是一头牛。与此同时，他们手臂和腿每毫米的动作都会被追踪，并转化成他们看到的牛的踪迹。为此，我们设计了一种特殊的背心，上面布满了 LED 追踪灯，还给每位受试者一个护膝以防他们被实验室地毯擦伤。

为了"变成"牛，人们从头戴式设备中可以看到他们控制的牛，从围绕在他们四周的扬声器中可以听到农场的声音，我们在触觉上也做了处理。当受试者看到牛被戳中时，他也能通过场景外同一个方向的令人震惊的声音感受到。这里用的是嵌在地板中的低频扬声器，为了模拟牛被惊吓的场景而设置。宰牛刀不仅仅是为了效果而设计的，与橡胶手错觉如出一辙，触觉导致受试者身体上的移动。如果一个人"感受到"胸部被戳中，同时"看到"一根棍子戳中他的牛化身，他自己的大脑就会有相应的反应。

我们的设计非常有说服力。我们找了50名大学生受试者。他们体验了牛一天的生活，从饲料槽中喝水、吃虚拟的草料，到最终被装进一辆卡车载向虚拟的屠宰场。我们还设计了一个对照组，对照组的人只是看视频，视频中牛四处走动，然后受到惊吓。相比之下，那些"变成"牛的受试者，在随后填写的共情问卷中展现了更高程度的共情。这些分析以外，更生动的是受试者在实验过程中给出的即时评论，如"当一头牛然后被尖刀戳中太可怕了"；一位参与者说，"我全程都很紧张，不知道下一秒会发生什么，不知道所有动作做完后会发生什么"；还有人说，"这让家畜们可怕的、可悲的生活变得更加真实，比阅读带来的纯理论感要更加真实"。身体转移的设计达到了效果，正如一个学生说的那样，"我真的感觉到我是那头牛，我真的不想被戳"。即便是我们用旧的技术的时候——在性能提升了很多的消费级的头戴式设备被用到实验中之前，受试者也体验到了高在场度："真实程度令人惊讶，我感觉我就是那头牛。"这显然是一次令人紧张的体验。[27]

我们做这个研究，是为了让人们更加明白自己所食之肉的来源。当下，养殖和屠宰动物的过程离我们的日常生活很远，我们所食用的肉都被很干净地包装起来，这种包装意在让我们忽略这些肉曾经是一个鲜活的、有呼吸的动物这一事实。由于我们的共情性想象被这一距离阻断，所以在一定程度上也导致了肉类的过度消费和浪费。约书亚的实验能帮助人们想象动物真正的苦难和牺牲。

虽然确实提倡人们少吃肉，但我们并没有像很多保守派媒体所说的那样，试图把美国变成一个素食者军团。无论你喜欢与否，"变成一头虚拟牛"在公众中引起了反响，来自英国广播公司、美联社、福克斯新闻、雅虎、《每日邮报》等全世界媒体机构的记者们不停地联系我的实验室，希望报道这一研究。有一个农场主反对，就有五个人为之叫好，其中包括餐厅业主、政府官员、教育工作者和父母们。

我们看到，虚拟现实能够通过强化传统意义上的换个视角看问题，达到培养共情能力的目的，但是约书亚·博斯蒂克关于牛的研究向我们展示了虚拟现实引入超现实经验并改变我们态度的能力，比如让我们体验其他物种的视角。随着虚拟现实应用的增多，随着我们对虚拟现实独特示能的理解的加深，未来我们可以期待有更多的不同寻常的、新奇的应用被开发设计出来，让我们大开眼界。伦敦大学学院的卡洛琳·福尔克纳和巴塞罗那高等研究院的梅尔·斯莱特两人合作开展的不同寻常的研究很好地说明了这一点。

那些患有抑郁症的人通常都会有更强烈的自我批评倾向，他们可以给别人耐心和理解，却无法给到自己。福尔克纳和斯莱特设计了一个场景，想探索虚拟现实能否增强"自我同情"，结果非常乐观。[28]

他们让一位抑郁症病人进入一个虚拟现实场景，充满同情地与一个虚拟的孩子互动。病人跟孩子讲的话被录音。然后，有一些病人以孩子的身份再次进入场景，听他们对孩子说的安慰的话，就好像他们听另一个人说这些话一样；另一些人也听这些话，但是声源是并不具体实在的第三方的。两种情境下自我批评都在减少（根据测量自我同情、自我批评和对同情的恐惧的量表结果），但是前者的自我同情程度的增加更为显著。[29]

通常情况下，为了培养自我同情，治疗师们会让患者做一些想象练习，比如让他们想象自己会如何对待一个正在面临挑战的朋友，从朋友的角度给自己写一封信，或者分角色扮演一个批评者和被批评者。在福尔克纳和斯莱特的实验中，这些抽象的联系被具象化为短兵相接的场景，增强了传统治疗方法的效果。

第四章

VR改变了我们的世界观

Experience on Demand

在乘坐阿波罗 14 号返回地球的途中，即将完成为期九天的登月任务的埃德加·米切尔坐在指挥舱里，凝视窗外，沉思并享受着这片刻的宁静。之前，他也执行过类似的任务，曾与阿波罗 11 号的宇航员艾伦·谢泼德一起在月面漫步。谢泼德在一次登月中用一根六号铁杆和月铲做成一个球杆，击中了高尔夫球。这次航行，米切尔的主要任务是在飞向月球的过程中及登月后进行科学实验，同时负责登月模块的工作。所以前期他的工作非常繁忙：科学实验、仪器监测、试运行登月舱、搜集岩石，在降落过程中还要不停地处理设备故障。返航途中，他已经完成了大部分的工作，因此有了一些宝贵的时间来放松，比如看向窗外。

　　此时，太空船在指挥舱飞行员斯图尔特·罗萨的驾驶下已经进入"烧烤"模式，飞船开始慢速旋转，以将太阳的热量均匀地分散在表面，这让米切尔能看到一些罕见的景致。他后来回忆说："每两分钟就能看一遍地球、月球和太阳，眼前是一幅通过太空舱窗户看到的 360 度太空全景图。"遗憾的是，米切尔于 2006 年年初去世了，他是世界上少数看到这一惊人景致的人之一。当他向窗外凝视，地球、月亮和太阳在他眼前一次次地掠过，他深切地感受到作为个体的自己与茫茫宇宙的联系。眼前的景象让他沉思良久。在后来的一次采访中，他这样描述自己的感受："我学过天文学和宇宙学，我明白那些组成我、我的伴侣和太空舱的分子，都能在古老的星星中找到原型。也就是说，我们都是星辰。"[1]

返航几年后，他从美国国家航空航天局（NASA）和美国海军（US Navy）退休，随后创立了思维科学研究所，致力于人类意识的研究。在谈起这一机构创立的初衷时，他总会提起在阿波罗14号上的经历及其赋予他的独特视角。后来谈及他在太空中看到的景观时，他说："那让你有一种全局意识、一种人本的取向、对世界现状的深刻不满，以及要做点儿什么的迫切感。那一刻，国际政治变得如此微不足道。你会想抓住一个政治家的脖子，把他扔出很远，骂上一句'去你的'。"

宇航员中说从太空中看地球这件事情对自己的意识产生影响的，米切尔不是第一个，也不会是最后一个。许多宇航员和飞行员都有这种感觉，现在有一个术语专门用来描述这一现象，即"概观效应"。虽然每个人的感觉不尽相同，但是克里斯·哈德菲尔德、罗恩·格伦和妮可儿·斯德特等宇航员都有相似的感觉。无论是看到地球的大气层如此稀薄，还是第一次在外太空如此清晰地看到和意识到人类诸如森林砍伐或植被破坏的残忍行径，都带给他们一种突如其来的、很强烈的冲击：地球原来如此脆弱。还有人受到的冲击来自另一个事实，即地球是个有机体，没有边界，而不是地球仪和地图给我们内化的印象那样是由一个又一个国家组成的。据哈德菲尔德说，国际空间站的宇航员们虽然时间有限，但很多人都会选择花时间朝窗外看，人们称之为"地球凝视"。[2]

特定的视角可以颠覆我们看待世界的方式。地图、鸟瞰图、人体解剖图或太阳系的哥白尼模型，这些都深刻地改变了我们看待自己和我们在世界上的位置的看法。最近，包括在阿波罗号最后一次飞行任务中拍摄的"淡蓝色大理石"等著名的、从太空中拍摄的地球照片，已经开始被认为可以提高公众关于地球环境脆弱性的认知。但是亲眼见证这一景象的人都知道，这些照片无论多么有冲击力或代表性，都只能是表现力相当不足的替代品。图像是无法捕捉到太空的无限宽广，以及从太空中看地球就像沧海一粟的那种震撼感的。在现场本身就很有力量。毕竟，有大量从大峡谷边缘向外拍摄，或者是参观津巴布韦的维多利亚瀑布时拍下的照片，但是这并不妨碍每年数以百万计的人克服种种不便亲身体验这些景致。任何一个有幸亲眼看到地球自然奇观的人都能理解这一点。

如果某些极端的视角会产生心理影响，而虚拟现实技术能够更好地为使用者传达这些视角的体验，那么它如何才能被用来提升我们对地球的认识？我的研究成果已经体现在《虚拟现实——从阿凡达到永生》一书中，自出版以来，这些研究对政治、市场、教育和医疗保健领域都有很大的影响。即使是我在研究处于虚拟现实社交场景中的社交行为，如协作、说服、学习和个性等方面的那些年里，我也一直希望能够拓展研究视野，理解人们如何与虚拟现实技术自然互动的模拟。

和许多人一样，随着对气候变化科学认识的增加，我对人类环境破坏的关注也在增加。与很多人对科学家的印象相反，我一直热爱户外运动。我在纽约州北部长大，小时候我和朋友在树林里闲逛，寻找青蛙、蝾螈和蛇，这就像今天很多孩子玩 Facebook 一样。

但是，驱使我思考这一问题的原因不在于此。斯坦福大学是气候变化研究领域世界领先的机构之一。身在斯坦福，我有机会和气候变化研究与相关政策研究领域的顶级学者共事，如斯蒂芬·施耐德、克里斯·菲尔德和保罗·埃利希等。埃利希关于"人口增长和环境代价"的著作非常令人警醒，扭转了公共辩论和行动的方向。20 世纪第一个十年里，公众对于全球变暖的认识日益加深，当我那些给政府间气候变化专门委员会撰写报告的同事在研究和记录气候变化时，我却置身事外。和很多人一样，当环境科学家的建议一再地被那些否认"气候变化是由人类行为导致的"这一观点的决策者（他们甚至否认气候变化这一事实）忽视的时候，我感到非常震惊。

到 2010 年，这种置身事外的态度让我无法入眠。尽管专家观点几乎一致、释放出的信息量已经很多，但大部分公众仍不愿意承认问题已经发生，更不用说考虑要缓解这些危害所必需的、艰难的政策调整和行为变化了。我认为虚拟现实技术在这方面可以有所作为。然而，直到此刻，我们在实验室的研究对社会化身才刚有洞见，要让我们从目前已有的、有稳定资助的领域转向其他领域很困难。幸运的是，这时我获得了终身教职，可以开始进行那些不那么为众人所接受或难以获得资助，但是非常有生产性可能的研究；这也让我可以改变实验室的愿景，自由地申请基金、做实验、写论文，踏上探索虚拟现实技术在扭转人类对环境造成的损害方面的可行性之路。

我们做的第一批实验受到雷斯利·考夫曼 2009 年在《纽约时报》发表的一篇文章的启发。她写道，虽然高端的卫生纸舒适便利，但环境为此付出了巨大代价，这一点不仅体现在原始森林和居住其中的动物身上，也体现在大气的变化上。[3] 在报道中，考夫曼说，柔软蓬松的卫生纸近年来在美国大受欢迎，但其制造是以"北美和拉美国家数百万棵树（其中包括来自加拿大的稀有原始森林中的树木）被砍伐为代价的"，这意味着温室气体二氧化碳被吸收的量减少了，这是导致气候变化的主因之一。此外，有人估计，美国超过 10% 的纸浆来自原始森林，这些森林原本就不可替代，且通常为濒临灭绝的物种提供重要的庇护。然而，失去这些森林并不是我们付出的唯一代价：加工这种柔软的卫生纸用水量更高，通常要用污染性氯漂白剂，这又产生了大量的废弃物，填满了污水管道和垃圾填埋场。

这个问题有一个简单的解决方案：使用由可回收材料制成的卫生纸。然而，在考夫曼写这篇文章的时候，只有 2% 的美国人这么做，而欧洲的比例要高得多。遗憾的是，尽管这篇报道写得很好，令人信服，但这些年来这种情况几乎没有变化。想要改变我们的消费行为非常困难。

如何才能让人们明白诸如购买非循环卫生纸这类看似无关紧要的小决定的后果？影响人们与环境相关的行为是心理学研究的主题之一，已有研究表明，关于他们的行为对外部世界产生的影响，有些人感触特别深，这就是所谓的环境控制焦虑，[4] 这些人的行为方式往往更具有环保意识。那么，有可能在实验室中增强人们对于自身与环境的联系感吗？

我的研究生孙祖安从事具身性体验研究已有好几年，她好奇虚拟现实技术在关于说服和学习的研究中表现出的强效果，在环境议题上是否也是如此。在她的研究设计中，斯坦福大学的学生受试者变身伐木工人。首先，她通过计算机创建了一个虚拟的森林环境，林中有很多树、歌唱的鸟儿和满地的落叶。这绝对是实验室迄今为止模拟出的最令人愉快和信服的虚拟场景之一，进入这个虚拟森林让人感到平静，就像在舒适的春日踏入引人入胜的林间空地那样。

但孙祖安的兴趣并不在这一虚拟环境本身带来的愉悦感上。实验中，受试者在使用头戴式设备之前会加入一个虚拟链锯。这个链锯实际上是将导管粘贴到一把锯柄上，加上马达而成的触觉装置。她要求受试者一旦进入虚拟森林后就开始环顾四周，紧接着向下看的时候，受试者会发现自己身着一套伐木工夹克和工作手套，并手持链锯。然后受试者被要求走到附近一棵树前面，此时链锯被启动。指令声中，受试者手中的虚拟链锯慢慢穿过树干，在约两分钟的时间里，他们需要将这棵树锯断。树倒下的时候，房间里开始发出一声巨响，随着树的应声倒地，场景设置达到高潮。树倒地之后，森林变得沉寂，鸟儿们都飞走了。受试者此刻可以自由地环顾虚拟森林，而被锯断的树就躺在他们的脚下。

这是一个针对远远超出大多数人生活体验的事件进行的非常有震撼力的模拟，其中，听觉、视觉和触觉的反馈都被调用以加强效果。我们想知道，在传达纸张消耗的环境后果方面，这样的方式和通过阅读相关资料相比是不是更强？在这项研究的第一个实验里，孙祖安根据一个美国人每年消耗约 24 卷纸这一数据计算出一组数据，并展示给 50 位受试者。他们被告知他们一生中使用的非循环卫生纸大约需要消耗两整棵树。然后，一半的受试者被要求阅读一篇精心撰写的、以描述砍倒一棵树为主题的文章，另一半则在虚拟现实模拟场景中体验亲手砍伐树木，随后两组受试者填写问卷、接受感谢，认为研究过程已经结束并欣然离开。

但是，研究实际上并未结束。为了观察他们在实验室之外的行为，尤其是用纸行为，孙祖安想了一个办法，在 30 分钟后与他们偶遇。当时已经显怀的孙祖安利用了自己怀孕的优势：当受试者走过她身边的时候，她按照预先排练好的方式，故意打翻一杯水，并让手臂恰如其分地被浸湿，而后她让受试者帮她用纸巾擦拭干净。

所有受试者都选择帮忙擦干净她手臂上的水，但那些体验过虚拟砍伐树木的人使用的纸巾比另外一组人少了 20%。前者虽然主观上认为当下所做的事情与研究无关，但也会表现出明显的节约行为。这证明，与其他传播破坏环境后果的方式相比，直接的经验更加有效。[5]

但这种效果能持续多久？为了回答这一问题，孙祖安设计了后续研究。这次，她在对照组使用了比文字更加强有力的内容，即让受试者观看一个用第一人称视角拍摄的砍伐树木的视频，而不是像之前一样做简单的文字阅读。一周后，她对人们回收再利用习惯进行了调查。她发现，相比于视频组，虚拟现实技术组的受试者更加倾向于对垃圾的回收再利用。换句话说，相比于其他媒体形式，虚拟现实技术催生的变化不仅更大，而且更持久。[6]

虚拟现实的煤带领我们看到了"真相之光"

砍伐虚拟树木是对砍树这一真实体验的模拟。此外，虚拟现实技术也可以让人体验"不可能"或超现实的经历。你用过煤吗？不是取暖，而是吃掉它？用牙齿碾碎它，吞下它，然后咳出煤尘？

我在斯坦福大学的同事从美国能源部获得资助，负责设计用来减少能源使用的虚拟模拟场景。他们找到我进行头脑风暴，想知道我们是如何用给我的实验室创建冲击力大到可以改变人们习惯的虚拟场景的。我们先花了一个星期调查了斯坦福大学学生的能源使用模式，随后决定将重点放在洗澡上。如果有跟年轻人同住的经历，你一定会知道年轻人洗澡一般需要很长时间。

但从能源角度看，加热和运输水的代价很高。在斯坦福大学环境工程师的帮助下，我们计算出加热淋浴用水的耗煤量：加热淋浴 10 分钟所需要的水耗煤将近 4 磅[①]。假设每天淋浴一次，如果在擦肥皂的时候关掉水龙头，或干脆缩短淋浴时间。日积月累这样节省下来的能源数量相当可观。

我们想提醒人们的是淋浴的能耗。这种方法并不新颖，淋浴表已经上市一段时间了。例如，有一种挂在淋浴房中的电子仪表，它可以告诉人们在加热水上他们花费了多少钱。在这种仪表中，能源的消耗以数字的形式显示：这些表盘可以提供很多信息，但是不够生动，冲击力不强，并不足以改变人们的行为。我们想知道，以虚拟现实技术传达信息的独特能力能否带来奇迹，让人们对自己的能源消耗变得更直观。

我们设计了一个实验，让受试者在虚拟场景中淋浴。戴上头戴式设备之后，展现在他们眼前的是一个配有淋浴喷头、把手、铺满瓷砖的浴

---

① 1 磅 ≈0.91 斤。——编者注

室。随着"水"流出，蒸汽升起，地板开始振动。受试者们真的像在洗澡一样，开始擦拭自己的手臂、身体和双腿。与此同时，我们通过多种方式告诉他们洗澡所消耗的能源是多少。低生动程度组，我们使用的是虚拟数字显示器，高生动程度组使用的是加热相应量的水所需的煤炭量；此外，我们还区分了提醒方式与个人的关联程度的高低。在高生动、高关联组，我们让受试者吃下所消耗的煤；在低关联组，受试者只是看到煤在眼前被消耗掉。在低生动—文字组，受试者会看到一个类似于典型的洗浴电子仪表，上面写着"你已经消耗了 4 块煤炭"（高关联组），或者是"你已经用了 4 块煤炭"（低关联组）。高生动组中，受试者能够通过淋浴房的窗户看出去，在窗户外面，受试者洗澡的同时，要么煤块在盘子上堆积起来，要么是受试者看到一个跟他长得很像的虚拟化身拿起煤块放进嘴里嚼碎，然后咳嗽。化身咳嗽时，受试者脚下的地板随之震动。

最后，受试者被要求用专门的、可以测量水温和水量的水槽洗手。他们相信了我们使用虚拟现实技术装置之后必须洗手的说法，没有任何人把这一环节当成实验的一部分。结果看到虚拟煤炭的高生动条件下的受试者使用的热水比文字组的要少。就像在砍树的实验中一样，当煤炭以触及心灵深处的形式出现时，相比仅仅在屏幕上看到数字效果更好。[7]

这些研究为我们理解虚拟现实技术如何能增强我们对个体行为与环境后果关联的理解提供了丰富的洞见，也告诉我们虚拟现实技术相对于包括文字和视频在内的其他媒体而言可能更有效。但是还有很多问题需要回答。我的初衷是通过虚拟现实技术教育并提升公众关于气候变化的意识，这个问题更加棘手。首先，气候科学非常复杂，气候变化最严重的影响也要到几十年后才会被人们察觉。然而在当下，相关的错误信息盛行。其次，一个很简单的事实是，导致气候变化的人类行为已经根深蒂固，要改变、扭转这一趋势非常困难，很多人宁愿假装这件事情根本没有发生，而不愿意去做些什么。这就像对于一个债务缠身的人来说，在心理上忽略债务比直面债务要容易得多。

2013 年，我聆听了美国国家海洋和大气管理局（简称 NOAA）前负责人简·卢布琴科在斯坦福大学伍兹环境研究所举办的一次活动中发表的主题演讲。NOAA 是美国政府的科学机构，负责监控和研究海洋与大气状况，其诸多使命中包括"保护生命和财产免受自然灾害的危害"。[8] 演讲中，时任斯坦福大学访问学者的卢布琴科讲述了她在运营 NOAA 过程中积累的一些经验，她在 NOAA 服务的 4 年正好是有记录以来气候最极端的 4 年，所以她时不时地会提到她所遇到和处理的自然灾害（包括 6 次洪水、770 次龙卷风、3 次海啸、70 次大西洋飓风以及破纪录的降雪和严重的干旱）中令人心碎的细节信息，十分令人动容。

卢布琴科的演讲吸引我的地方之一是它与我在实验室中试图回答的问题十分相关：自政府间气候变化专门委员会第一份报告发布的 25 余年来，要说服公众（更重要的是政策制定者）相信全球变暖促成了她所见证的那些极端天气是非常困难的。[9] 卢布琴科随后提到的一些事情引起了我的注意。她说，她曾访问过重灾区，与灾后幸存者进行交流，她发现这些经历过自然灾害的人对气候科学的接受度更高。"当人们直接经历过某些事情的时候，"她说，"他们会从另一个角度看问题。"[10] 当你亲历这些影响的时候，也就是说当影响变得个人化之后，它就不再会被忽略。

几年后，我有幸与卢布琴科当面交谈，并告诉她当时她的演讲给我和我的研究带来的影响和帮助。我借此机会向她请教了经验对人们的影响等问题，并请她帮我举个关于极端天气改变人们对气候变化议题的看法的例子。她讲了 2011 年她探访一个刚遭到龙卷风破坏的社区的故事。

那一年美国共发生 362 起风暴，被称为"2011 超级大爆发"，那次龙卷风只是其中一次，是有记录以来级数最大、造成损失最严重的连续发生的龙卷风。"强台风接二连三地袭击，一路向南，"她告诉我，"真的很可怕，龙卷风造成了非常大的损害。NOAA 做了很好的台风预测，让人们提前知道台风即将来临，以让人们免受损失。即便如此，在'2011 超级大爆发'期间还是有 324 起因此导致的死亡事件。"

暴风雨过后，卢布琴科与负责评估龙卷风强度的科学家一起到这座城市，其间还与正在为幸存者提供救援的联邦应急管理局（简称 FEMA）代表们会面。卢布琴科继续说："我当时没有意识到这一点，因为我没有想太多。但是龙卷风发生的时候，地面上没有任何工具可以用来记录风速。"与发生更频繁的常规风暴或是极端天气不同，龙卷风太过集中而不可预知，也过于猛烈，以致无法通过传统仪器在其发生过程中测量强度。她说，要知道龙卷风强度的唯一方法就是"在灾后去受灾地区看看建筑物受损程度。看是什么样的建筑、有多少层、是砖头砌成的还是木头的，是否有地基，建筑物的两侧是否牢牢固定在地基上。如果有钉子，可以看看建筑物吹倒时钉子的弯曲程度"。

那次探访有一位当地的政治家随行。他之前曾是一位坚定的气候变化论否定者。但是当他们都遭受了物质损失，并与龙卷风幸存者交谈时，他在没有人提醒的情况下突然开口想跟她讨论气候变化的问题。"他的话很有说服力，他说，现在这对我来说已经成为现实，我遭遇了这些，我会尽我所能，帮助您获取保护我们安全所需的资源。我看到了真相之光。"

这里我想重复最后一句话。一位气候变化论的否定者同时也是一位立法者，"已经看到了真相之光"。①

　　卢布琴科的故事强化了我的想法，即除非一个人想象力很丰富或是有意识主动地去想象自己的行为对环境的损害，或者已然直接受到气候变化等问题的影响，否则大家可能不愿意做出艰难的努力以应对这一挑战。毫无疑问，这就是为什么尽管科学家几乎都认为气候变化是真实存在的，同时对人类而言是很紧迫的威胁，但仍有许多人持怀疑态度。当然，也有许多人不想面对严峻的事实和为解决这个问题必须做出的巨大牺牲；此外，也有很多人为气候变化论否定者的宣传所误导；更寻常的解释是人们之所以不相信，是因为他们看不到，而科学家看到了，他们已经在行动，他们的足迹遍布珊瑚礁和冰川，在他们的幻灯片上、核心案例里和酸碱度量表中，气候变化的证据十分清晰。

　　卢布琴科的醒世之言提醒着我们，面向公众进行气候变迁教育和实施姗姗来迟的整治行动迫在眉睫，它同时也让我对自己的核心理念更有把握：虚拟现实技术直击人心的效果在带来这些变化方面大有作为。

一座名叫伊斯基亚的小岛

　　我在实验室从事虚拟现实技术环境应用的头几年很难获得资助。在这之前我们已经成功地将虚拟现实应用到基因科学和物理学等科学领域，这些领域获得政府资助的成功率都很高，在当时已经有500多个，但是一旦关涉气候变化，就会被拒绝。我分别做了三个基金申请，研究主题是如何利用虚拟现实技术将气候变化视觉化，并帮助人们理解。有一个基金审核人甚至暗示我不应该在气候变化尚未被证明的时候去教学

---

① 有意思的是，卢布琴科告诉我，她从未提及气候变化与龙卷风之间有任何联系，没有一个严肃的气候科学家会把这两者联系起来。然而，这种对极端天气强大破坏力的极端体验，让此前气候科学的强烈批评者开了窍。

生，而应该"给他们足够的科学素养，让他们自己决定关于气候变化问题的观点"，这让我很沮丧。我决定寻求帮助，并在 2012 年找到了合作伙伴，即我在斯坦福大学的同事、教育技术倡导者罗伊·丕。我们第一次认识是在 1995 年，他是我在西北大学学习科学研究所读书时的教授之一，该研究所也是第一所致力于研究学习相关科技的系所。我常开玩笑说，关于教育科技，罗伊忘记的东西比其他人知道的都要多。他对用虚拟现实技术进行关于气候变化的教育有着非常浓厚的兴趣，我俩一拍即合。

　　结合罗伊在教育技术方面的专业知识，和我的实验室创造沉浸式虚拟现实场景的能力，我们开始向一些科学基金会提交一系列研究计划，为这些项目争取资助。一开始我们的关注点在于太平洋上的垃圾堆，这些垃圾堆中有非常多的塑料垃圾、污泥以及其他人造垃圾，其规模之大和所在地之偏远，使我们认为虚拟现实技术能够发挥其作用。但是我们的申请还是被拒绝了，该基金会建议我们与海洋科学家合作，并给我们发了一份潜在合作者的名单。

　　我们因此与海洋生物学家菲奥伦扎·米切利和克里斯蒂·克罗克结缘，开始了解到他们在意大利那不勒斯湾西部边缘小岛伊斯基亚沿岸浅水海域的岩石礁上进行的关于海洋酸化的工作。虽然我在网上关注这一水域已久，但我从来没有去过伊斯基亚。毕竟当新的研究目的地是地中海一个度假胜地时，一件重要的事情是说服基金会这不是假公济私地浪费公款、做无意义的事情。我的学生接过手来，他们报告说伊斯基亚确实是一个很棒的地方，分布着很多水浴中心、酒吧、餐厅，景色非常优美，2 500 英尺高的埃波梅奥尔山更是将景色点缀到了极致。然而，表面上地中海温和的天气和第勒尼安海的壮丽景色，让人几乎无法想象在这些美好之下大自然的躁动。埃波梅奥尔山是一座活火山，是坎帕尼亚火山带的一部分，这一区域由于非洲和欧亚大陆板块移动，经常发生强火山活动和地震，是地球上地理环境最不稳定的区域之一。这一状况因为有 300 万人居住在附近（大多数在那不勒斯即周围人口密集的地区）而更加严峻。

如果你在晴朗的日子里站在埃波梅奥尔山顶向东看，几公里外可以看到坎帕尼亚火山带中最著名的、形似驼峰的维苏威火山。该火山在公元 79 年有过一次大规模喷发，给周围留下了数百万吨的灰烬，毁坏了古罗马的赫库兰尼姆城和庞贝古城。短短几个小时内，庞贝古城成了一座陵墓，这是人类历史上最重要的警示故事之一：要注意大自然不可预测的愤怒。

该地区的火山活动给伊斯基亚留下了许多水热喷口，地下深处的热气从这些裂隙进入空气中。正是这些裂隙使得伊斯基亚成为温泉爱好者的旅游胜地。同时，这些裂隙导致该岛南部和北部沿岸的罕见地貌，伊斯基亚由此成为关注地球海洋未来健康的科学家的宝贵场地。

这些极其罕见的离海岸如此近的排放口，对海洋科学家而言是一个重大发现，他们很快意识到这一现象对于研究主要温室气体对海洋影响的重要价值。事实上，这些排放口对于这一研究而言简直是完美的天然实验室。在科学研究中，最有价值、最有用的特征就是这些孔洞里冒出来的气，就像香槟中的气泡一样，从海底像细柱一样升腾起来，其中所含的二氧化碳几乎是纯净的，几乎没有氢硫化物，而氢硫化物在火山导致的种类孔洞中非常常见（也是火山孔洞经常有硫化物味道的缘故）。由于二氧化碳的纯度很高，任何在水中发生的化学反应都是二氧化碳造成的。此外，通风口的温度与周围的水温是一样的，这意味着周围动植物受到的影响，都不是因为火山孔洞周围常见的高热度造成的。

这些孔洞也创造了一个可以用来做比较研究的二氧化碳浓度的自然梯度。由于这些孔洞已经存在上百年了，附近的动植物都可以成为研究对象，研究它们如何适应极端环境。对于那些研究日渐增加的二氧化碳浓度如何影响海洋生物的海洋学家来说，伊斯基亚是一个理想的环境，是看向未来的一个窗口。珊瑚礁让他们有机会分析不同酸度条件下的各种有机体，并观察这些有机体随着时间的推移如何不断发展。在通过传感器和重复样本测试仔细检测 pH 值之后，科学家划分了三个酸度区：环境酸度、低酸度和极低酸度。

他们的研究不是仅有利于某一个特定物种，而是研究在面对环境压力的时候，诸多物种如何互动。从我和罗伊对菲奥关于这些孔洞的研究所做的梳理来看，越发明确的一个事实是，我们自工业革命以来排入空气中的二氧化碳正在给海洋中的动植物带来严重的后果。二氧化碳融入水之后，水的酸碱值降低，海洋酸化现象发生。高海洋酸度会影响很多生物的发育和繁殖，比如牡蛎、蛤蜊、龙虾和珊瑚，而它们是很多鱼类重要的食物来源，所以这些鱼类也受到影响。而那些能够更好应对海洋化学变化的物种，如藻类，则会疯长，给其他生物群体的生长繁殖带来威胁。有些人认为，如果海洋酸度过高，珊瑚礁和赖以生存的多样物种都可能会消失殆尽。

科学家估计，过去 200 年中人类产生额外的二氧化碳的 1/3 到 1/2 已经被海洋吸收。现在海洋吸收的二氧化碳比以往任何时候都多，大概每天会吸收 2 500 万吨人造二氧化碳。其结果是，过去两个世纪以来，海洋酸度水平增长了 25%，且增速在加快。根据世界银行前生物多样性首席顾问托马斯·洛夫乔伊的说法："海洋的酸度在未来 40 年可能会加倍，这一变化速度比过去的 2 000 万年要快 100 倍。"[11] 他接着说："海洋生物很可能无法适应这样的变化。"

美国国家海洋和大气管理局的理查德·菲力对此表示悲观，称要让海洋通过自然调整来消化这一损害带来的后果可能为时已晚："5 500 万年前海洋也曾面临过类似的状况（当时问题的形成过程大概花了 1 万年），海洋的自净机制花了 12.5 万年才让海洋恢复常态，海洋内的生物恢复到原有水平花了 200 万 ~1 000 万年。这意味着我们在这 100~200 年所做的事情对未来数百万年的海洋生态系统都会有影响。"[12]

海洋酸化目前受到的关注远远不足。每当我在公开场合谈论用虚拟现实技术来告诉人们关于伊斯基亚孔洞的问题时，我都会让所有听说过海洋酸化这一议题的人举手示意。通常情况下听说过的人不到 1/10。这并不难理解：水下海洋环境难以视觉化，也很难亲临观察，且在当下，海洋酸化带来的影响大多数时候都微不足道。大多数人并不知道一个健康的海洋应该是什么样的，更不用说因为不可见的气体进入，会给海洋带来怎样不好的影响。

相反，很多气候变化研究都聚焦在温室气体对陆生生物的直接影响方式上，这也是为什么地球温度的突然变化、极端天气等现象常被新闻媒体所关注。漂浮在融化浮冰上的北极熊图片、关于连续四个创纪录的最热冬季、春季、夏季的新闻、红 / 橙色的全球地表温度图都频繁上新闻头条，这些都实实在在地让我们对自己所居住的地球感到担忧。然而，温室气体对海洋构成的威胁并不比对陆地的威胁轻，关于这一点科学研究提供的证据并不少。

这些关于海洋酸化过程的理论、酸化对动植物物种的影响以及这些变化对所有与海洋浅层水域生物有关的物种所造成的严重后果，都在克里斯蒂和菲奥的研究中被确认。正如菲奥所说："这些珊瑚礁就像一个水晶球。我们可以通过研究它们了解未来人类对海洋将会产生的影响。"

2013 年 4 月，我和罗伊、克里斯蒂和菲奥开始着手虚拟伊斯基亚体验的初始设计。我们的目标是用珊瑚礁区域的沉浸式模拟环境，告诉使用者关于海洋酸化的潜在危险。我们的设计科学十分准确，同时具有互动性，让人们参与其中。我们希望创造一个尽可能符合实际的、具有说服力的环境。对我而言，重要的是这一模拟能否给人很真实的感觉。

除了通过计算机对珊瑚礁进行图形再现以外，为了提高真实可感性，我们还用了真实的图片和一段 360 度视频摄像机以创建和反映这些珊瑚礁、孔洞和其周边生物多样性缺乏的实况。如果我们希望它能改变人们的想法，人们必须明白我们描绘的情景是真实的。

克里斯蒂同意我的想法，并给我讲了一个发生在她身上的、关于气候变化的故事。她说她做研究的时候从来不让她父亲来伊斯基亚岛看她。她在太平洋沿岸长大，经常和她的父亲一起去潜水，这也是她后来成为海洋生物学家的原因之一。尽管他们热爱海洋，但她的父亲并不相信气候变化科学。人类的行为怎么可能影响地球这么大的星球？但当克里斯蒂和她的父亲在伊斯基亚附近的珊瑚礁潜水时，父亲的想法发生了变化。亲眼看到高浓度二氧化碳产生的有害影响后，他终于明白了女儿的工作对地球的意义。他以前读过女儿的学术出版物，但是亲眼看到后，他的看法发生了根本性变化。

我们用从伊斯基亚带回来的 360 度图像，建立了计算机生成的岩石礁区域的通风口产生的气泡；我们特别小心翼翼地对植物群和动物群的纹理进行了建模，以尽可能逼真地模拟水下环境。不同的动物和植物被动态地放置在适当的位置。随后，菲奥和克里斯蒂到实验室来评估模型的准确程度。在我们对这些视觉和内容元素进行修正时，罗伊则开始考虑提议模型中的互动，例如添加一些食腐动物以让体验者探索珊瑚礁的不同部分。体验者还会被要求寻找特定的东西，比如某种贝类。当他们在珊瑚礁中搜寻的时候，他们会发现动物大部分都聚集在离孔洞较远的地方，我们希望借此告诉大家酸度较高的区域钙质生物几近灭绝的状况。

我们决定将珊瑚礁中的经验和二氧化碳污染与海洋酸化这一不可见的化学过程，置于日常生活的大背景下展示，以让人们意识到这些现象是他们日常行为的后果之一。我们计划像煤炭研究中那样，用一些超现实的元素来增强这一体验的效果。

　　我们的设计是这样的：首先体验者会发现自己站在一条街道上的一辆车后面。几分钟后体验者适应了虚拟现实环境，体验者会看到汽车尾气中排放出诸多二氧化碳分子，并尾随其中一个分子一起踏上海洋之路。随后，体验者用自己的手将二氧化碳分子推入水中，看着它与水发生化学反应，生成碳酸氢根离子，这是海洋酸化的主要原因之一。然后，体验者踏上前往伊斯基亚的旅途，进行实地考察，像穿着潜水服的科学家一样，观察健康的珊瑚礁和被酸化严重侵蚀的珊瑚礁。

　　在这次研究中，我们一直在探索利用虚拟现实传达关于气候变化的各种方式：增加互动性，改变时空尺度，让不可见的分子在空气中变得可见。我们花了上千小时来不断完善研究（在这里要感谢戈登和贝蒂摩尔基金会 913 000 美元的捐款，否则这一切都无法实现）。在我们做的伊斯基亚的虚拟现实模型中，珊瑚感觉起来很真实，眼睁睁地看着充满活力的健康珊瑚生态系统不断恶化，这是以一种与人们有内在联系的、使其亲历的方式来传达我们的信息，这种方式比图表有力得多。科学家们一直试图告知并说服公众关于环境破坏的教训，通过创造令人信服且科学准确的关于环境破坏的体验，能更好地传达这一观点。幸运的是，在虚拟世界里灾难无须真正发生，只需要按一个按钮，没有人会受到伤害，同时又让人感觉周围发生的一切都是真实的。

　　迄今为止，已经有上千万人体验过我们的这一设计，其中包括美国参议员、英国王子、成千上万的学生、好莱坞演员、制片人和导演、职业运动员等。我们将它上传到 STEAM（虚拟现实版的 iTunes）上了，每天都有很多虚拟现实迷下载体验。因为虚拟现实技术的关系，海洋酸化得到了很多原本并不在意，或对此并不知情的人的关注。

生态旅游值得去吗？

　　虚拟现实不仅可以教育人们关于环保的知识，还可以帮助人们在不影响动植物自然栖息地的前提下，欣赏大自然的美景，提供比生态旅游或是去动物园、水族馆更丰富的体验。这是 2013 年我与家人在阿拉斯加度假时遇到的一个观鲸导游给我的启发。布莱克当时正在朱诺市参与一个海洋科学项目，他的任务是在一艘长达 25 英尺的船的甲板上指出鲸鱼的所在。观鲸是阿拉斯加最受欢迎的旅游项目之一。在鲸鱼游出 300 英尺的时候，我们看到了鲸鱼的背部和它的尾巴露出水面一点点。能在其自然生存状态下看到这一幕是一件很棒的事情——根据布莱克的说法我们能看到是很幸运的。然而我必须坦诚地说，这并没有我想得那么激动人心。布莱克告诉我，很多人长途跋涉到阿拉斯加，却完全没有看到鲸鱼。

　　在虚拟现实环境中，你总能发现鲸鱼的身影，事实上，这有点儿成了虚拟现实技术的必备内容了。游客可以尽可能近地观察鲸鱼，无论它们在水里还是水面，是群游还是独行。事实上，如果愿意，虚拟现实设备的使用者可以"变成"乔娜，在鲸鱼的腹中四处走动。虚拟环境中天气总是很好，能见度总是很高，鲸鱼们总是忙于那些对人类而言最具有教育意义的活动——如"4F"，即喂食、打斗、逃跑和觅偶。对于能够创造虚拟世界的程序员而言，观鲸者翘首以盼的东西，如观察这些动物跳出水面的瞬间、它们用身体拍打海洋表面，这些都只不过是一些非常简单的动画序列。

　　用虚拟现实技术实现这一点最大的好处是，虚拟的鲸鱼不会被游客打扰或伤害。导游告诉我们，朱诺的观鲸船每年都在增多，旅游业的发展对动物造成了伤害。布莱克从事着在朱诺最抢手的工作（他的工作就是要看到并指出鲸鱼位置），我问他对于虚拟观鲸这个想法怎么看。他毫不犹豫，"我立马就会去干"。他真诚地认为虽然有很多政府管制，人们的意图也都是良好的，但是我们的观鲸活动也确实对鲸鱼造成了伤害。他还提醒我们，我们的观鲸游轮每行驶1英尺就要消耗1加仑①汽油。

到这时候读者可能还是更愿意看到一头真正的鲸鱼。但是乘客的规模不容忽视：每年都有上百万游客飞到阿拉斯加，爬上燃气动力船。这些对环境和对鲸类物种的健康都有巨大的损害。此外，还有多少人在非洲狩猎、侵入动物们的自然栖息地？人类必须做一些妥协。

作为实验室定期外宣活动的一部分，我们会定期让中小学生体验虚拟现实。几乎所有的孩子都喜欢电子游戏，所以到最先进的虚拟现实实验室参观对他们来说是一种享受。其中一次发生的事情给我很大启发，让我明白包括新型动物园、水族馆和团体旅游等虚拟生态旅游这种形式的价值所在。

2013年5月，来自布里奇岛小学的二十多名六、七年级的学生来到我们的实验室参观。从萨克拉门托到世界上最著名的蒙特利湾水族馆开车大约需要3个小时。虽然很近，但这些学生中很多人从来没去过水族馆，也没有多少人见过鲨鱼。

参观中，一名七年级学生"变成了"鲨鱼。他穿上救生衣，被送到距海洋表面约30英尺的海藻丛的底部。他先花几分钟环顾四周，看到了一群亮黄色的鱼儿快速游过海藻丛，这时我们让他把手举过头。他试着这么做了，发现自己的身体在虚拟场景中开始向上倾斜，随着他在实体的房间中摆动自己的手臂，他慢慢学会控制自己在虚拟海洋中游泳的方向和速度，过了一会儿，他高兴地大叫起来。他从未潜过水，也不会在水下换气，对于从未在海底看过海藻丛的读者而言，这确实很神奇。游了几分钟后，我们让他去找鲨鱼。

——————————

① 1加仑≈3.785升。——编者注

我们编程的"鲨鱼"约 12 英尺长，在场景中随机游动。但是我们把鲨鱼皮翻过来，以方便使用者的虚拟化身用手匹配鲨鱼的速度和方向，进入其体内，从而真正地变成鲨鱼，像鱼一样探索海洋。他刚看到鲨鱼的时候吓了一跳，我们告诉他鲨鱼很友好，并鼓励他进入鲨鱼的身体游泳。在大家的起哄下，他成功地进入鲨鱼的身体，人群中爆发出轰鸣般的掌声。很快他就开始享受这一切了。结束的时候，他说第二天要在真的海洋中游泳。

虚拟现实让消费更多，生产更少

有一个值得考虑的问题是，我们与虚拟世界的互动会如何影响我们的消费行为以及因此产生的垃圾废物。如果能减少人们（特别是美国人）热衷于购买的小饰品和非必要物品的数量，我们就会在环境保卫战中胜出一局。工厂要正常运作需要消耗大量自然资源，其生产过程通常会造成环境污染，其中大部分是批量生产的塑料制品，这些东西存在于世界的时间比人类还要长。在计算机上做虚拟东西的时候，虽然制作过程中需要一些能源，但是一旦电脑关机，虚拟的塑料制品不会像现实中的塑料袋一样最终汇入泛太平洋垃圾带中。

要适应这种新的经济模式需要一段时间。我记得我曾为大约 40 名服装业高管主持过一个研讨会，与他们讨论研究虚拟现实如何改变他们的行业。当我说现在的小学生可能愿意将更多的钱花在虚拟羊毛衫上，而不是真正的羊毛制成的衣服上时，他们对此提出了质疑。

我讲了维罗妮卡·布朗的故事。据 2006 年华盛顿邮报上的一篇文章称，布朗是"一位热门时装设计师，靠在网上幻想世界《第二人生》里卖虚拟内衣和虚拟正装谋生"。文章估计，她当年靠这一生意赚取的收入约为 6 万美元。一些人露出了礼貌的微笑，也有人在窃笑，因为他们每个人管理的公司，每天的财务流水都比这一数字要多出很多个零。这个靶子竖立起来之后，我引出了下一个数据。[13]

"你们有多少人听说过'开心农场'？"我问道。他们中的大多数人举起手，毕竟当时是 2013 年。"你们有多少人玩过'开心农场'？"只有一个人试探性地举起了手。随后，我提供了 Zynga 公司 2010 年的收入数据，该公司主打"开心农场"及其他类似的游戏。一年内，他们赚了超过 50 亿美元。虽然这个数据可能对所有人来说都不新鲜，但是每个人都被我下面说的事情震惊了，即这些收入除了一小部分来自广告外，几乎都来自虚拟商品的销售，包括虚拟食品。当年，该公司每秒售出 3.8 万个虚拟物品。2010 年，Zynga 公司的虚拟商品销售收入为 5.75 亿美元，而广告收入为 2 300 万美元。售卖为虚拟幼年动物而设置的虚拟奶瓶显然是有利可图的。

"你们知道'开心农场'都在做什么吗？"我问道，"人们可以在'开心农场'中种植虚拟食物。虚拟食物能吃吗？你们凭什么认为夹克、运动鞋与食物不同？"当然，这些都是极端的、过时的例子。"开心农场"和《第二人生》都不再流行，但是人们在虚拟世界中的行为并没有变化，只是转移到其他平台上了。《第二人生》和虚拟游戏经济的蓬勃发展告诉我们，人们喜欢在虚拟世界中花费时间和金钱。现在，所有年龄段和各种背景的用户都在购买可在虚拟空间使用的房产、船只和飞机。他们花钱买衣服、珠宝，以装饰他们的网络虚拟化身。

虚拟经济规模已然很大，创造出了巨额的现实财富，使用户可以花很少的代价体验挥霍消费的乐趣。如果你觉得人们把真的钱花在网络虚拟化身的装饰品、关于地位的符号上听起来很奇怪的话，那么我建议你放下手头的事情，花几秒钟环顾一下四周，思考一下现代经济条件下人们消费行为的一个重要特征——无意义。问题在于，现实世界中的故意浪费或是浪费性消费会给真实世界带来实实在在的代价，随便举几个例子，化石燃料的消费、家中和垃圾填埋场中堆积成山的塑料垃圾、海洋中规模日益变大的漂浮的垃圾岛屿。如此一来，更多地在虚拟世界中开展活动，会让我们未来所面对的境况相对于那些反乌托邦的人描述的那样，并不那么可怕，同时可能会带来明显的社会效益。

第五章

VR是精神疗愈的时光机

Experience on Demand

有这样一位病人，当年"9·11事件"发生时她才 26 岁，她的办公室就在美国世贸中心附近。恐怖袭击发生时，她正巧到街对面的药店买东西，但她并没有看到第一架飞机撞击北塔的情景。事实上，也很少有人会在早上 8 点 45 分上班路上盯着天空发呆。然而，当这位病人从药店里出来时，第二架飞机已经撞上了南塔，她和其他旁观者一起见证了纽约市最高建筑的顶层冒出熊熊火光与翻滚的浓烟。

飞机将南塔第 77 至 85 层完全撞毁，世贸中心在不到两小时后倒塌。就像这座深受创伤的城市中其他对抗着恐袭余波的人们一样，这幅惨景在之后的数月里始终萦绕在这位病人心头。任何事都可能让她联想到那个恐怖的早晨：千篇一律的媒体报道，满城遍巷的寻人启事；下曼哈顿区余烬难灭的废墟残骸，火焰燃尽后仍持续数月的焦煳味道；对下一次恐怖袭击的无尽担忧；仅仅是站在纽约市街头抬头望着林立的高楼也会引发这位病人的强烈焦虑。她开始失眠，莫名地向家人、朋友发火。她不愿再生活在男朋友的高层公寓里。家人们开始担心她的状况，并为她寻求专业的帮助。"她已经不是她自己了"，病人的母亲告诉乔安·蒂菲德。蒂菲德是康奈尔大学威尔医学院治疗焦虑性障碍的专家，在见过这位病人后，蒂菲德很快就诊断她患有典型创伤后应激障碍（PTSD）。

在"9·11事件"发生后的数月间,蒂菲德和很多擅长治疗PTSD的心理学家一样,接诊了许多蜂拥而来的患者。有将近3 000人在纽约市的恐怖袭击中丧生,这是一个令人难以置信的数字。但还有数千人在那个早晨亲身经历了那场恐怖袭击,他们在世贸中心大楼里,在钢铁森林包围的街道上,甚至是被困在高楼大厦之下的地铁里。有数千人在邻近的大厦里见证了世贸双塔从起火燃烧到轰然倒塌。当然,还有那些冲进世贸中心里救援的消防员与警察。在"9·11事件"发生10年之后,在那些经历了那场苦难的人群中,有至少1万名警员、消防员和平民被评估患有不同程度的PTSD。[1]

当蒂菲德了解了这场恐袭的规模与波及范围后,她就知道将会有成百上千人的心理因为这场发生在市中心的灾难性事件而遭受创伤。于是,蒂菲德立即着手准备迎接即将前来就诊的患者。在接下来的几周里,蒂菲德设立了一系列筛查规则,用以找出那些表现出PTSD症状的人群,并最终接诊了3 900个亲身经历了那场袭击的人。但问题同时出现了:如何治疗被确诊的病患呢?当时,学界对PTSD的概念尚有争议,虽然许多学者正在进行相关研究,但《精神障碍诊断与统计手册》(DSM)官方并没有认同PTSD是一种心理学现象。[2]因此,当时的治疗手段十分受限。很多PTSD患者都被医者开出了抗焦虑药物,这只能作为一种治标不治本的临时疗法。蒂菲德告诉我"虽然当时已有对PTSD的相关研究,但这对于整个心理学界来说仍是一个新兴的领域"。

到了今天,治疗PTSD最有效的方法就是结合了"想象暴露疗法"(IET)的"认知行为疗法"(CBT)。在此疗法中,治疗专家会引导患者分段回忆一系列关于创伤性事件的片段,患者会被要求闭上双眼,并以第一人称详尽描述事件发生的经过。采取此方法的目的是,通过重塑相关记忆来减弱心理创伤的强度。蒂菲德表示:"你将创造一段属于你生活一部分的记忆,当你不希望这段记忆出现时,它将再也不能打扰你。"[3]

　　保证这一疗法成功的关键在于，患者诉说其故事的过程并不是死记硬背地重复，而是对事件有情感持续地进行重述，并再次感受自己当时的心境。也就是说，患者需要达到一种身临其境的状态。如果这种"想象治疗"进行顺利的话，"暴露疗法"将引导患者重回创伤性事件的现场，这一过程被称为"现场暴露"。但让患者重新回溯创伤事件的问题同时出现，他们不得不克服PTSD最主要的症状：逃避。蒂菲德在2016年的虚拟现实大会上向我解释道："无论这是稀松平常的普通事件还是对你造成了心理创伤，人们都更趋向于逃避心灵上的痛苦。因此，假如逃避就是你潜意识里应对这些事情的策略，那尝试去面对你的心理创伤就会变成一个谜题。这正是人们抵制暴露疗法的原因。"[4]蒂菲德意识到，许多病人在回想从前的创伤场景时，常常遇到麻烦。不仅因为他们受限于自己的想象力，还因为他们受创的心灵不"允许"他们触碰那些令人痛苦的回忆。

　　这并不是蒂菲德第一次尝试在治疗中运用虚拟现实技术。早在20世纪90年代末，她就已经开始研究如何将虚拟现实技术与暴露疗法相结合。蒂菲德告诉我："将虚拟现实技术运用到治疗中的想法令人很感兴趣，因为我们的记忆通常由多种丰富的感官组成，并不仅仅是简单的语言与文字可以描述的。"研究表明，有35%~40%的患者并不会对标准的、由语言描述的想象疗法做出回应。蒂菲德和其他几位该领域的前辈深信，一个可以调动患者视觉、听觉甚至嗅觉的虚拟场景将能有效帮助患者在治疗过程中连接并探索自己的创伤性回忆，并能因此得到更好的治疗效果。在"9·11事件"之后，蒂菲德发现了一个绝佳的机会，将这一理论在大批患有PTSD的患者身上进行实践。此外，蒂菲德通过美国国立卫生研究院（NIH），找到了曾将虚拟现实技术运用到恐惧症暴露疗法的华盛顿大学心理学家亨特·霍夫曼，并与其开展了相关合作。

在恐怖袭击刚发生后的几个月里，蒂菲德和她的团队从幸存者那儿采访收集到了许多关于事件的细节，蒂菲德每天都会与霍夫曼分享数据，并就曼哈顿市中心的虚拟建模进行沟通。然后霍夫曼位于西雅图的团队依据这些受访者提供的细节，通过计算机编码，生成融合了新闻报道中关于恐怖袭击片段与声像的环境模型。

因此，蒂菲德能够通过一系列预先编程好的键位，生成有关恐怖袭击那天的一系列虚拟事件与场景。例如，只需要敲击键盘上的一个按键，电脑就能展现建筑在恐怖袭击发生前的样子；而当你按下另一个按键时，世贸中心北塔在南塔遭受撞击前几分钟起火燃烧的情景就会展现在你的面前；又或者是世贸中心双塔倒塌后的场景。通过键盘操作，蒂菲德还能进一步实现警笛声、尖叫声，或是幸存者当天听到的声音等特效，以增强患者的体验。因此，蒂菲德等治疗专家就好比一场交响乐的指挥家，不同的是她控制的是治疗期间虚拟场景出现的次序与持续的时长。

本章开篇时提到的患者，是体验由蒂菲德与霍夫曼共同开发的虚拟现实场景的第一人。在此之前，蒂菲德已为这位年轻的女士进行了4个疗程的想象疗法，但患者对她的言语引导并没有做出积极回应，很显然患者并不能对恐怖袭击那天的情感记忆进行回溯。鉴于此，在征得患者的同意后，蒂菲德决定在接下来的疗程里进行实验性治疗，尝试用最近研发的虚拟现实技术模拟恐怖袭击当天的场景。蒂菲德先为患者戴上头戴式显示器，让其沉浸在虚拟的纽约市中。接着，当蒂菲德引导患者回忆恐怖袭击时的情景，患者能够自由地观察"9·11事件"发生当天的建筑与街道的场景。

通过头戴式显示器，这位年轻的女士重新回到了恐怖袭击发生时她所站的商店门外，周围的模拟场景是她熟悉的城市街道。虽然图像制作有些粗糙，但建筑与街道的细节已足够将患者置于事件发生的位置。患者一抬头就可以看到熟悉的建筑——世贸双塔。在那一瞬间患者泪流满面，她从没想到自己还能再次站在双塔之下。在进行了几个疗程后，蒂菲德已经能够与患者直接交流事件当天的经历，一起反复重温患者对此的描述，并最终让她能够回忆起一些具体的细节。患者记起了当第二架飞机撞上大楼时，她恐惧地意识到这并不是一场普通的意外事故。她记起了自己无助地望着火焰在塔顶燃烧的场景，她记起了当第一座高塔开始倒塌时她与周围的人群一起慌乱、恐惧的场景。在一篇关于这一疗法的学术期刊中，蒂菲德提到这位患者在使用了虚拟现实技术后，能够清晰、准确地回忆起当时自己曾经想要逃跑的情景。她记起当周围的人四散奔逃时，自己被压在了各种跌倒的人群之下。当她起身后，她听到一位祈声救援的女士的呼救声，并与其四目相对。蒂菲德在这位患者的病例中写道，"她低头一看，那位女士双腿断裂，血流不止，即刻就会死去。她看着那位女士的双眼对她说，自己不能停下来帮她，因为高空掉落的碎片随时都会要了自己的性命。于是我的病人开始疯狂地在朦胧的烟尘之中奔逃"。[5]

这位患者记起自己一路奔跑，最终躲进了上城区的一家便利店里。她的鞋在躲避坍塌的高塔时掉落丢失了，她的双脚满是鲜血。她身上没有一分钱，当她看到周围的人好像还在正常地工作时，她吃惊地叫道："难道你们不知道究竟发生了什么吗？"

蒂菲德相信，她能将这些悲惨的细节回忆得如此到位，并更好地置身于自己记忆的情感与内容之中，全是靠了虚拟现实营造的视觉与听觉环境。正如蒂菲德向我解释的那样，"人们都会将自己的想象与记忆分层次地堆叠成一种戏剧性的经历。而通过这种方法，虚拟现实营造出的环境也能转变为一种戏剧性的体验。我们也抓住了这一机会，将虚拟现实的作用与意义带到了心理学领域"。最终，对蒂菲德的第一位病人的诊断结果令人出乎意料：在运用虚拟现实对其进行了6个疗程的治疗后，病人抑郁的症状下降了 83%，PTSD 的症状降低了 90%。

蒂菲德的第二位病人是纽约市的一位消防队大队长。蒂菲德从 2001 年 11 月开始为其通过虚拟现实技术进行治疗。当南塔倒塌时，这位消防员正在位于北塔一层大厅的指挥中心工作。在北塔坍塌前，他本来有机会逃离，但他还是选择了留下。幸运的是，他从满是玻璃碴和钢筋水泥碎片的废墟中活了下来。[6]

研究表明，那些曾接受过适应性训练的人在进入危险的环境时，例如士兵上前线作战，会对 PTSD 产生某种抵抗能力，但如果没有足够的心理准备，仍不能保证其不发病。以这位消防员为例，虽然他曾是一位陆军老兵，但他之前的训练经历并没能阻止 PTSD 症状的发生。在恐怖袭击过后的数月里，这位消防员持续失眠、多梦，惧怕待在密闭的空间里。此外，他还和蒂菲德之前的那位病人一样，惧怕站在高楼大厦之下。于是他开始远离曼哈顿，并开始服用安比恩（一种安眠药）以帮助入睡。当他的主治医师拒绝为他开具新的处方，并建议他进行心理咨询时，他才找到了蒂菲德，尝试了她最新的实验性疗法。

在每周的治疗中，蒂菲德会引导这位消防员有序地回忆那天的情形，通过虚拟现实营造出的场景，询问其所见所忆，重塑其当天早晨的记忆。像其他病人那样，蒂菲德可以感受到消防员对虚拟世界中的情形发自内心的最直接反应。当虚拟场景中出现恐怖袭击当天的情境与声响时，他就会突冒冷汗、心跳加速。此外，和前述的那位病人一样，通过虚拟现实对"9·11事件"的再次体验，一种情感的力量使他勇敢地触碰了之前绝不愿回忆的可怕经历。这在整个治疗中是十分重要的时刻。在经历了双塔倒塌的数月之后，这位消防员已经习惯于通过语言的描述向记者与调查人员回顾当时的情景。蒂菲德相信，置身于虚拟场景之中，让他改变了潜意识中讲述故事的方式。虚拟世界用丰富的感官元素勾起他的回忆，并使其能够直面恐惧，这是单纯的谈话疗法不能达到的效果。

在对其进行第四阶段的治疗时，这位病人有了之前已经完全忘记了的新回忆。蒂菲德回忆说："双塔坍塌前，他在一幢大楼前厅遇见一名奔逃的男子，当路过一个入口通道时，他看见了一位身着蓝色背心、胸前印有联邦调查局字样的人正在通过对讲机与人交谈。正当他穿越尘土与浓烟逃命时，他听到那位联邦调查局探员说有第三架飞机正在驶来。"（实际上他们说的是撞击华盛顿特区五角大楼的飞机。）彼时，当这位消防员听到接下来还有恐怖袭击的消息时，他深受惊吓，感觉自己马上就会死了。[7]蒂菲德告诉我："就是这样一条简短的消息彻底改变了他对于情势的判断。而最严重的PTSD症状就是你感觉自己马上就会死去。"

蒂菲德发现这就是这位患者的焦虑与恐惧之源，她认为可以通过医患合力治愈这段受创的记忆。通过接下来几年的治疗，这位患者已经能够自信地说，"我终于重获新生了"。虽然病人还是会对高楼与桥梁产生莫名的焦虑，但他终于能够安然入睡，不再做噩梦，并且无须再服用任何药物。这位消防员在2005年接受记者采访时表示，"我现在的生活已经恢复如常，但在接受这一治疗之前我根本不能自理。生活中常有一些事让你与4年前的自己完全不同，而我现在是一个正常人了"。

在"9·11事件"后的几年里，蒂菲德运用虚拟现实技术治疗了超过50位因为这场灾难而患上PTSD的病人。当中还包括对虚拟现实技术结合想象疗法与单纯只使用想象疗法进行比较的研究。蒂菲德确认了关于她的这些奇闻逸事，运用虚拟现实技术对患者进行治疗的效果能在统计学与临床学上展现出明显的进步。[8]自从蒂菲德将虚拟现实技术运用在"9·11事件"的患者身上并取得良好效果之后，其他的研究人员开始尝试创建范围更加广阔的治疗性虚拟现实场景，例如以色列的公共汽车爆炸与摩托车交通事故等。然而，对于将虚拟现实在PTSD治疗中最广泛与普遍的应用，是对参战老兵的治疗。他们是PTSD最脆弱的患者。蒂菲德已经开展了一个针对患有PTSD参战老兵的治疗项目，并与南加州大学创新技术研究所的知名专家艾伯特·斯基普·里佐进行合作。里佐的名字，几乎可以与治疗战后创伤性应激障碍画上等号。

我本人一直很羡慕里佐。不仅因为他的聪明才智，更因为他是1974 年经由安大略高速公路前往加州音乐节观看黑色安息日（Black Sabbat，英国重金属摇滚乐队）表演的歌迷之一。2000 年，里佐在加州大学圣塔芭芭拉分校向虚拟现实团队展示他的最新成果时，我第一次与他相遇便一见如故。不仅因为那时我们都像摇滚巨星一样留着长头发，我还很欣赏他对于工作的热情与平易近人的态度。里佐并不像一位典型的研究临床问题的科学家，他喜欢骑摩托，同时还是一位狂热的橄榄球球迷。在他位于南加大的创新研究中心的办公室里，四处散落着装饰用的骷髅头——这对于毕生致力于研究与治愈受损大脑的他来说，的确是一个合适的房间主题。里佐在结束了对临床心理学与神经心理学的学习之后，就很明确地将自己的职业方向定为 PTSD 与认知康复研究，并创办了专门针对那些因车祸、中风及其他创伤造成脑部受伤的患者的康复项目。

里佐一直对运用科技提升病人的治疗效果很感兴趣，并于 1989 年第一次开始有相关的想法。当时他的一位病人，时年 22 岁，脑前叶在一起车祸中遭受损伤。这位病人很难对一件事物感兴趣，或保持几分钟的注意力来完成一项任务，这是大脑负责这一功能的区域受损的明显症状。某天治疗前，里佐观察到这位年轻的病人正低着头专心盯着一块小屏幕。里佐好奇地问病人："这是什么东西？""这是一台 Gameboy 游戏机"，病人回答道，并向里佐展示了他正在玩的著名游戏——俄罗斯方块。里佐看了 10 分钟，惊讶地发现这位脑前叶受损的病人被这个游戏深深吸引，甚至到了无法自拔的地步。"我当时就想，我是否也能开发一个像这样能让病人集中耐心参与的认知疗法项目呢？"里佐马上开始将诸如"模拟城市"（SimCity）等游戏融入其临床实践。

在这之后不久，里佐在电台听到采访杰伦·拉尼尔的节目。拉尼尔在节目中推销他们公司的产品，并大谈实现虚拟现实技术的可能性。里佐立即意识到，这项技术对于营造虚拟环境以治疗病人的认知损害以及焦虑性障碍有很大潜力。里佐说："我当时就想，我们是否能够让病人完全沉浸在功能上相关联的虚拟环境中，然后在这样的背景下对患者进行治疗？此外，我们还能加入游戏元素，让患者更想参与到治疗中。"对于里佐来说虚拟现实是一个"终极的斯金纳箱"，在进行操控设置后，涉及调整与训练的治疗手段都能得到学习与实现。满怀着对实现这一可能性的激动之情，1993 年，里佐参加了一个由华尔特·格林力夫组织的学术会议，后者至今仍是医用虚拟现实领域最具影响力的专家。里佐早早就离开了，会上对于虚拟现实的演示只给他留下两个直观印象：一是虚拟现实技术十分昂贵，二是将其运用在认知领域的研究很少。但里佐看到了一项研究演示中，患有唐氏综合征的病人在虚拟超市里经过训练后能够在现实世界里自主进行购物。里佐认为虚拟现实在医疗领域的运用仍有无限可能。

参会后不久，里佐终于第一次尝试在治疗中运用虚拟现实技术。虽然他自己沉醉于虚拟现实的学术研究，并为此进行了许多受人欢迎的演讲，甚至撰写相关论文推断虚拟现实应用于治疗的巨大潜力，但他始终没有机会真正向人们进行演示。在此期间，他也会时常感到兴奋与乏味并存的矛盾心态。里佐告诉我："在项目初期，我简直觉得这一切都糟透了。这些建筑与街道全是几何学上的线条；这个界面太难把控了；因为冲突检测不太顺利而遭遇瓶颈；我觉得自己什么也不是。"但虚拟现实的巨大潜力的确就在那里。在仔细分析了计算机技术迅猛的发展速度后，里佐认为到了 2000 年虚拟现实在医疗上的运用应该会粗具雏形。

紧接着来到了 20 世纪末大肆宣传后的黑暗时期——里佐形容那是虚拟现实技术的"核冬天"。其时，关于虚拟现实的所有概念与想象全都从公众视野中消失了，而像里佐这样的科学家只能在大学与联合实验室中偏僻的房间里进行研究。当时，里佐正研究并创新虚拟现实技术的运用，例如让患有阿尔兹海默病的病人进行虚拟物体操控训练，或为儿童多动症（ADHD）患者创建虚拟的训练场景。

里佐也将虚拟现实应用与其他以普通消费者为基础的场景相结合，比如当下还在被宣传推销的小说功能，他在很多年前就进行了相关尝试。21世纪初，里佐试验了360度沉浸式的影片制作，其中包括在洛杉矶蓝宝之屋进行表演的杜兰杜兰乐队；还有沉浸式的新闻报道，以360度的镜头记录了洛杉矶贫民区中无家可归的人。但他的兴趣点始终是他的老本行——认知康复与PTSD。与乔安·蒂菲德相似，里佐对将虚拟现实运用在想象疗法中，以帮助他的军人患者的这种巨大潜力深感兴趣。

事实上，最先运用虚拟现实对PTSD患者进行治疗的案例是20世纪90年代中期对美国越战老兵的治疗，这一疗法是由埃默里大学的芭芭拉·罗特鲍姆设计的。在此基础上，加之蒂菲德对"9·11事件"中的病人的成功治疗，里佐设计了一个能够帮助大量在阿富汗与伊拉克战争中罹患PTSD的军人的系统。里佐借助一款极受欢迎的运用图像引擎的第一人称射击游戏——全能战士，创建了一个虚拟的伊拉克，这让他能够重建士兵们在战斗中遭受创伤的场景，包括集市、公寓、清真寺等士兵们经历了激烈枪战与自杀性爆炸袭击的地方。又或是重建一个简易式爆炸装置，再现包括声音、气味等能够增强和调动病人感官参与的虚拟元素等。士兵们可以背上重量适中的突击步枪，再通过护手盘上的控制传感器，以达到进一步的场景重现效果。治疗师能够从一个范围极广的菜单中选择特效、场景、具体时间、英语或是阿拉伯语等元素，为每个拥有不同经历的病人构建一个独特的场景。

今天，这个被称为"勇敢的心"的项目已经广为人知了。该项目于2004年在全美75个站点上线，并已帮助了超过2 000名患有PTSD的士兵，尤其对那些不太适应口述想象治疗，却能与虚拟世界自如交互的年轻士兵帮助巨大。对于病人而言，利用科技手段来重新捕捉他们的经历会更加自然，同时，他们对于暴力的战争游戏也已经很熟悉了。然而，里佐很快就指出了"勇敢的心"与电子游戏的区别："我们并不是单纯地把病人'扔'进像'使命召唤'这样流行的游戏当中。玩游戏只是一种狂热的宣泄行为，而我们尝试去做的是让临床专家通过控制板，调节一天的时间、天气状况、光线明暗、声音特效、爆炸场面等，来帮助病人降低焦虑感，让他们敢于面对所有他们一直在躲避的事物。这不是游戏，只是借助了游戏技术。"

与其他思考并为虚拟现实工作了几十年的人一样，里佐利用科学技术充分拓展、促进了医疗的实际应用范围。PTSD 应用程序曾治疗过遭遇性骚扰的患者，也有运用虚拟教室来治疗多动症的儿童。他为运用虚拟技术帮助受伤士兵了解 PTSD、改善传统临床治疗的短板创造了一个典范。他同时创造了一个"虚拟患者"，为年轻的心理学家提供专业训练，也帮助社会工作者更好地与那些有心理疾病的患者打交道。里佐指出，发生在医院的医疗事故每年造成 3.8 万人死亡，而通过对医护人员进行虚拟训练，这一数字将大大降低。

尽管蒂菲德与里佐在将虚拟现实技术运用到暴露疗法上取得了成功，军队出于急迫想要解决因阿富汗和伊拉克战争造成的大量 PTSD 患者的目的，也对他们进行了慷慨的资金支持，但还是有人对他们在心理学领域取得的成就表示质疑。有许多心理治疗师担心频繁地使用虚拟现实，会令病人脆弱的心智暴露在大量的痛苦记忆中，从而造成更多的伤害。蒂菲德对此指出不良暗示对日常生活造成焦虑的问题应该得到解决。正如她向《纽约时报》所说："如果你因为要逃离世贸大厦而连续走下 25 级台阶，并就此突然对楼梯感到恐惧，那说明楼梯这一自然的概念已经变得消极了。"

　　蒂菲德承认，虚拟现实技术在心理学领域的运用要获得广泛接受尚需时日。"我们这辈人与前辈们都没有接受过要'如此思考'的训练，在这一治疗手段中有一种文化迁移。"对于进行变革的反抗将会是医疗创新的未来，当然，对于保护病人免受考虑不周、未经验证的治疗原则是不会变的。但是关于虚拟现实沉浸式疗法效果的证据将在未来越来越充分。同样，在这一治疗手段被广泛推广前也需要时间。蒂菲德提到自己对于 2014 年新兴医疗科技推广情况的数据分析。"从最初的科研到最终运用于常规的临床实践一共需要 17 年时间。因此，在这样的背景下，出现上述情况也就不足为奇了。这一情况现在有变好一点儿了吗？我想答案应该是肯定的。但它就只能发展到这里了吗？绝对不是。"

　　我们可以运用虚拟现实将那些身患 PTSD 的患者带进现实。我们通过编程营造接近真实环境的场景，来加强病人的情感并使他们与自己的记忆产生联系。这并不是虚拟现实技术在医疗领域最有用的实践。其中最主要的应用，就是许多人对媒体最担忧与警觉的特征——拥有既能让我们全神贯注，又能使我们魂不守舍的能力。这种能力将会令我们失去与现实世界的联系。

第六章

VR帮助患者减轻疼痛

Experience on Demand

2014 年，在和一些斯坦福同事的聚会上，我也加入了深受腰痛（LBP）之苦的数百万美国人行列。这得从我三岁的女儿满院乱跑开始讲起，她太靠近泳池边缘了，我担心她可能会掉下去。出于父母的本能反应，我猛地冲过去拦住她。当时我几乎没有感觉到背部的刺痛，觉得没什么可担心的。一个小时后，我躺在同事家后门廊的地板上，教授们礼貌地围着我走动，而我盯着天花板想着该怎么站起来。在我的生命中我从来没有经历过这样的痛苦。

我很难忘记在受伤后的几个月里，日常生活是多么难以忍受。每当我感觉稍微好一点儿并试图去做一些日常活动时，比如从椅子上站起来或者抱着小冒失鬼这个始作俑者，就会被灼热的刺痛感打断。大多数读者会对我正在谈论的内容有所了解：在美国 80% 的成年人一生中都会经历急性腰痛，可能在任何特定时间，并且有 1/4 的美国人在随后的三个月都将受其影响。腰痛非常常见，且发生时会使人十分虚弱。一项研究显示，在美国它是仅次于缺血性心脏病和慢性阻塞性肺病的第三大负荷最重的疾病。[1]

幸运的是，经过六个月的物理治疗，我几乎恢复了正常。但对许多人来说，疼痛没有消失——数百万患有腰痛的人中，大约有 10% 的人无法通过治疗或手术来缓解疼痛。医疗保健专业人员将持续时间超过六个月的疼痛归类为慢性疼痛。对这些患者来说，看似无害的背部矫正带来的是持续不断的身心折磨。据估计，有 20%~30% 的美国人，或者说多达 1 亿人患有慢性疼痛。慢性疼痛的原因通常比较容易诊断，比如腰部损伤，但是有些情况下其病因也可能复杂难测，且没有明确的治疗方法。无论哪种方式，应对持续疼痛而造成的筋疲力尽会影响到生活的各个方面，从睡眠、工作效率、个人关系到患者自身的心理健康。由此带来的负反馈循环还可能导致严重的抑郁症。[2]

医生用来治疗急性和慢性疼痛的一种手段是让患者服用强效处方阿片类止痛药，如羟考酮和氢可酮。事实上，在我们决定先观察我对物理治疗的反应前，我和医生讨论了使用强效处方阿片类止痛药的可能性。毫无疑问，他对此十分警惕。医学界逐渐认识到，尽管阿片类止痛药在有些时候是有效且必需的，但是近几十年来这些药的过量使用，已经造成了严重的意外后果。阿片类药物使用的激增始于 20 世纪 90 年代中期，当时制药公司以较低的价格和激进的营销导致这些药物的处方和使用急剧增加。这带来了灾难性的后果，众所周知"阿片类药物滥用"（Opioid Epidemic）现已肆虐全球各国，尤其是在美国，每年死于海洛因和处方药滥用的人数超过 2.7 万人。仅在 2014 年，阿片类药物就有近 1.9 万例死亡，比 1999 年增加了 369%。同一时期，海洛因滥用增长了 439%。2014 年一项研究揭示了一个引人关注的事实：美国有 12个州的阿片类处方的数量比人的数量都多。[3]

到 2010 年，随着阿片类药物涌入医疗保健系统，同时加上令人震惊的成瘾率上升情况，针对"医生购药""药房"以及普遍滥用的政策开始收紧。但这些举措产生了一些意想不到的后果。非法市场对处方止痛药的需求猛增，2014 年，个别药品价格高达 80 美元。这使得新的上瘾者开始转向仅需 10 美元即可获得的市售海洛因。[4]

一种新的滥用形式开始出现。患者会经历如腰痛等损伤，这种损伤会造成需要手术的慢性疼痛。医生会在手术后开止痛药来帮助患者应对急性疼痛。在处方药用完之后，仍然承受痛苦折磨或者已经产生药物依赖性的患者突然断掉了药物供给。由于没有分级疼痛治疗计划或可用的成瘾资源，患者开始使用非处方药物，但几乎很难得到缓解。或许患者可以从一位曾经做过手术且有些药物剩余的朋友那里借到一些止痛药。最终，患者通过非法毒贩获取镇痛药，起初只是嗅闻海洛因，最后可能开始进行注射。

在这些慢性疼痛和使用阿片类药物的惊人数字背后，隐约可见另一个预示性的统计数据。医疗保健专家预计，在未来几十年中，经受急性和慢性疼痛痛苦的人数将会增加，因为婴儿潮一代不断衰老，而其寿命将超过历史上任何一代人。如何安全地治疗遭受慢性疼痛的病患，是我们社会必须解决的紧迫问题。斯坦福大学医学中心疼痛管理处主任西恩·麦基是关切这个问题的一位研究人员。麦基形容自己为"康复麻醉师"，他已经成为理解和对抗疼痛的领导人物。

在 2016 年发表的一项研究中，他和他的同事证明了慢性阿片类药物使用和 11 种常见手术之间的联系，包括膝盖手术、胆囊手术以及因为高频率而最令人担忧的剖宫产手术。[5]麦基指出，如果我们想要有效治疗手术带来的创伤性疼痛，那么干预的关键时刻就是在手术后，当人们想要立即使用止痛药的时刻。他和越来越多的公共卫生专家一致认为：我们需要寻找新的、非药物的方法来缓解人们因停止或减少使用阿片类药物带来的痛苦。

医学界已经使用了各种各样的干预措施，包括按摩、冥想、针灸或宠物疗法等方法。另一种重要的技术是分散注意力。医生和治疗师会鼓励遭受疼痛之苦的患者采用各种分散注意力的方法，从读书、看电视、到玩电子游戏和绘画。分心之所以奏效，是因为人的注意力是有限的。

我们同时只能注意到这么多的刺激。没有什么会比令感官沉浸并允许用户拥有定制体验的媒介更能让人分心的了。存在的力量——将精神投掷于虚拟世界——会产生有用的副作用：注意力缺席。虚拟现实技术带来的在场感会将个人在自己身体上的注意力转移。

随着分散注意力在减少疼痛方面的优势不断得到证明，虚拟现实技术在世界各地越来越多地被应用于管理各种身体疼痛，减少恐惧针和牙钻的患者的不适和焦虑，帮助患者更好地执行那些不得不经历的沉闷乏味且不舒服的康复训练。正如许多虚拟现实故事所做的一样，最初将虚拟现实分散注意力应用到疼痛管理中的研究起始于 20 世纪 90 年代早期的虚拟现实热潮。它涉及我们已经提到的研究人员——亨特·霍夫曼。

这一切都始于非正式的学术对话，它提醒了我们大学在激发跨学科合作和创新方面的重要性。1996 年，亨特·霍夫曼正在华盛顿大学新成立的人机交互实验室（HIT-Lab）工作，探索如何将虚拟现实技术应用于患有恐惧症的人。尽管霍夫曼的研究从记忆和认知开始，但是在 20 世纪 90 年代初尝试过虚拟现实体验后，他开始沉迷于存在的错觉，并开始聚焦于虚拟现实。霍夫曼利用预建的虚拟环境和学校的虚拟现实设备，对蜘蛛恐惧症患者进行了一系列实验，测试与虚拟蜘蛛的接触是否可以帮助他们克服恐惧。结果令人振奋。

有一天，霍夫曼的一位朋友向他描述了如何将催眠疗法用于控制烧伤患者的疼痛的技术。霍夫曼回忆说："我问他，'催眠如何减轻疼痛'？我的朋友说，'好吧，我们不完全理解它是如何起作用的，但它可能与分散注意力有关'。我说，'哦，天哪，我有一个了不起的注意力分散方法，这会让你大吃一惊'。"

他的朋友让霍夫曼与华盛顿大学心理学教授大卫·帕特森联系，后者专门从事康复心理学和疼痛控制研究。他们开始一起研究虚拟现实技术在缓解严重烧伤患者治疗中无法避免的剧烈疼痛的有效性。他们在华盛顿州西雅图的港景烧伤中心进行研究，这是一家负责接收临近五个州患者的地区性医院。烧伤通常涉及身体很多部分的创伤，其严重性和复杂性众所周知，且治疗过程特别痛苦。

　　首先，必须从身体上未受影响的部位收集皮肤组织移植到烧伤部位，这给患者带来了新的伤口。然后通过持续治疗来促使新旧伤口的这种永久性疼痛得到愈合。每天都必须拆除和更换绷带，撕掉结痂。接着将原始受损的皮肤浸泡擦洗以防止感染、促进移植成活。当移植皮肤开始与受损皮肤连接时，必须进行疼痛的锻炼以中断发展中的疤痕组织，以便患者能够恢复运动。在医生用来评估患者疼痛感受的 1~10 级疼痛量表中，即使在阿片类止痛药的帮助下，这些治疗通常也会达到最高评分级。

　　在霍夫曼进行实验时，阿片类药物是治疗这种痛苦经历的主要方法。虽然单独使用阿片类药物足以控制患者休息时的疼痛，但在日常伤口护理期间它们基本上无效。即使在服用药物期间，近 90% 的患者依然声称感到严重的极度疼痛。[6] 即使使用处方类止痛药，从烧伤中恢复也是一个特别痛苦的过程，这是对试图为患者提供缓解的医护人员的特殊挑战。止痛药虽然能够麻木痛觉，但对恢复却有不良影响。它们不仅会使人上瘾，而且会干扰睡眠、引起恶心等不良反应，如果使用不当还会导致死亡。分散注意力的好处已经为研究人员所熟知——多年来，研究疼痛的科学家已经测试了诸如电影、音乐和电子游戏等媒体在疼痛治疗过程中分散患者注意力的效果。对于霍夫曼来说，虚拟现实技术成为下一步的手段似乎顺理成章。他猜测虚拟现实将是一种有效的分散注意力的工具，但它会比其他技术更有效吗？他和帕特森决定验证这一猜想。

　　在霍夫曼及其同事的一项早期试点研究中，科学家在治疗两名烧伤患者时采用了两种不同的分散注意力的方法。其中一种是沉浸在霍夫曼已经建立的蜘蛛恐惧症环境中。霍夫曼称之为《蜘蛛世界》，这基本上是一个虚拟厨房，配备了台面、橱窗和可以打开的橱柜。节目的主角是一只毛茸茸的圭亚那鸟，警觉地站在台面上吃着一只狼蛛。如果有勇敢的患者愿意的话，甚至可以触摸蜘蛛——霍夫曼在触手可及的范围内放置了一个狼蛛的外在特征代表，一个"用劣质假发做的毛茸茸的玩具蜘蛛"。[7]在 2000 年，《蜘蛛世界》已经制作得非常精细。通过一只由手套控制的虚拟手，你可以在里头抓住盘子、烤面包机、煎锅和植物。用户还可以旋转自己的头部并将躯干平移向不同的方向倾斜。在许多方面，尽管该技术保真度较低且成本较高，但仍与当今消费者所能使用的商业系统十分相似。

另一种分散注意力的技术是为任天堂 64 主机打造的流行赛车类视频游戏，患者在游戏中使用操纵杆操作赛道上的赛车或喷气式划艇进行比赛。但是电子游戏并不像虚拟现实世界那样令人沉浸，选择它主要是因为它精心制作并且非常吸引人。与《蜘蛛世界》不同，患者可以通过记分牌获得相关表现的反馈，并且更多地参与了第一人称视角的任务和叙事。如此一来，对照组不再是"稻草人"；这不是身临其境的虚拟现实技术，但它仍然非常吸引人并且能够分散注意力。

第一位患者是一名 16 岁的男孩，他的一条腿严重烧伤，需要进行手术并植入加压钉。结果令人震惊。医生用来量化疼痛的一个指标，是确定在手术过程中患者感受到疼痛的时间百分比。在这项研究中，患者在伤口护理期间玩任天堂时有 95% 的时间会感受到疼痛，但在使用虚拟现实时只有 2%。类似存在巨大差异的结果在不愉快、疼痛和焦虑的评定中也得到了霍夫曼及其同事的证实。与电子游戏相比，虚拟现实技术具有巨大的优势，并且显著减轻了疼痛。第二名患者全身严重烧伤——面部、胸部、背部、腹部、腿部和右臂。烧伤覆盖了他身体表面积的 1/3。他的结果与第一名患者相似——与游戏相比，虚拟现实技术大比例减少了疼痛。霍夫曼和帕特森以封面文章的形式将该项研究发表于 2000 年的医学杂志《疼痛》上，配图为戴了头戴式显示器的患者照片。这是一个惊喜，因为《疼痛》杂志发表的通常是关于动物作为受试者的疼痛研究的文章，重点关注的是细胞水平。霍夫曼开玩笑说："我认为这是第一批进入封面的人类之一，它通常是一张虹彩斑斓的照片。"

毋庸置疑，这些结果让霍夫曼和他的同事备受鼓舞。虚拟现实环境不仅极大地分散了患者的注意力，而且他们通过相当于现成的体验取得了这些结果。他们所用的《蜘蛛世界》——描绘了一个厨房，里面装满了烤箱、炉灶和烤面包机等可能令人不快的联想——并不是非常欢迎烧伤患者。霍夫曼想设计出更令人愉快的体验。他还希望将体验变成游戏，如果将游戏设计与虚拟现实技术的沉浸式特性相结合，那将会覆盖更多的治疗。

霍夫曼修修补补的结果是《冰雪世界》，一个设置在清凉的蓝白世界中简单稳定的虚拟现实游戏。在游戏中，运动员/患者在雪花、雪人、企鹅和毛茸茸的猛犸象中沿着北极峡谷的地面缓缓移动。患者使用鼠标，将雪球瞄准虚拟物体，保护自己躲避投掷过来的雪球。自始至终都伴随着令人愉悦的流行音乐。对霍夫曼来说，重要的是游戏要简单易玩，且不要过于刺激。"我设计了《冰雪世界》，可以让你在环境中慢慢移动，"霍夫曼告诉我，"我们担心模拟疾病，因为烧伤病房的人已经因烧伤药物和伤口而感到恶心了。我们尽最大努力减少模拟疾病，这意味着患者在虚拟世界中会遵循预先设定的路径，这真的会让人平静下来。"

他与两位患者进行的里程碑式研究，仍然是虚拟现实技术和疼痛研究中引用率最高的文章之一。四年之后，霍夫曼及其同事使用了《冰雪世界》，旨在研究不同的缓解疼痛效果指标。[8]患者自我评级是衡量疼痛比较经典的方法，但也可以通过大脑活动模式来确定疼痛。为了将样本量从两名患者增加上去，他们使用了并不具备前文中烧伤状况的非临床参与者。身体健康的参与者来到实验室，由研究人员诱发疼痛，以便更好地控制变量。共八人参与了此次研究。他们进入一台功能性磁共振成像机器，然后握住一种称为热电极的特殊装置，等它慢慢加热，直到它在手掌中产生痛苦的灼烧感。在创作一篇关于虚拟现实和疼痛的论文时，我们曾经在我的实验室中使用过这些装置，我可以保证，这绝不是什么令人愉快的体验。实际上我是组里保持了实验室最低疼痛耐受度的人，我只能握住热电极几秒钟。每个参与者都要进行使用虚拟现实和不使用虚拟现实的两个实验，虚拟现实实验使用的是著名的《冰雪世界》模拟体验。一半受试者先进行了虚拟现实试验，而另一半受试者先进行了对照组实验。两组实验都持续了大约三分钟。

科学家们独立出了大脑中的五个区域，他们认为像丘脑一样，这些分区的活跃程度越高，就意味着大脑发出了越多的疼痛信号。根据功能性磁共振成像显示，与对照组相比，当参与者处于虚拟现实实验时，他们五个大脑分区的活跃程度更低。这是第一个证实在疼痛中虚拟现实确实改变了大脑活动的实验。[9]

霍夫曼明白，为了使虚拟现实疼痛治疗得到广泛应用，他必须说服医院和保险公司认识到虚拟现实技术的有效性。因此，为了取得临床可信度，他和他的同事在 2011 年迈出了关键一步：一项随机对照试验。[10]这些研究的样本量更大，非常谨慎地确保了治疗和对照组实验的有效性。54 名住院的烧伤儿童患者在进行烧伤物理治疗时参与了这项研究，这是一次非常痛苦的经历，患者通过锻炼来扩展他们的运动范围。在每个疗程中，患者在虚拟现实实验和对照组实验各花费一半的时间，并进行了适当的随机化调整以避免顺序效应。每一组实验中，受试者在虚拟现实和对照条件（治疗顺序随机化和平衡化）中花费相等的时间。在虚拟现实条件下，孩子们经历的痛感较轻，与对照组相比疼痛减轻 27%~44%。此外，他们声称与对照组相比，在虚拟现实中有更多的"乐趣"。[11]这个乐趣是加了引号的，因为理疗的过程不像逛公园那么轻松，任何能够提高病人对治疗过程中痛苦的忍受力的方法，对病人而言都是很大的安慰。

霍夫曼的疼痛研究正在应用于治疗人类所遭受的最极端的痛苦——很少有人必须忍受烧伤患者那样的急性疼痛。但虚拟现实技术作为疼痛治疗的潜在应用是无限的，甚至开始出现在最常见的医疗环境中。许多医生已经使用沉浸式视频来帮助病人接受常规的医疗程序，如静脉注射和牙齿清洁，并通过给卧床病人转换场景来减少焦虑。[12] 医生们已经使用虚拟现实来帮助化疗患者。患者们报告说这让他们的治疗时间似乎有所缩短。[13]

尽管分散注意力的应用设计已成为虚拟现实疼痛管理研究的主要领域，近期一些有趣的研究正在探索复杂的身心相互作用的新途径，包括如何制造被感染或缺失的肢体运动幻觉，并用这种幻觉让大脑相信肢体还存在，从而激发脑功能活动（如果可能的话）并减轻疼痛。这项基于镜像疗法的技术最初是由加州大学圣迭戈分校的维兰努亚·拉玛钱德朗于 20 世纪 90 年代设计的，用于帮助治疗幻肢痛的患者——一些失去肢体的患者依然能感觉到的已失去肢体的瘙痒或灼烧痛苦。多达 70% 的截肢者患有这种疾病。[14] 幻肢痛的发生原理仍然存在争议，但有一种理论认为，大脑中的躯体感觉皮质因截肢部分失去的神经输入而重组，这种重组会产生痛苦的感觉。陷入疼痛循环的神经通路就好比一只幽灵般的手紧紧地握着拳头，因此，通过欺骗大脑放松幽灵的拳头，可以减轻这种痛苦。这是通过虚拟镜子将健康未受影响的肢体反映到受影响或缺失的肢体的部位来实现的。通过这种技术，医生能够创造出健康肢体的幻觉，可以以减轻疼痛的方式进行锻炼或移动。患者通过虚拟镜子，可以看到他们的手臂完好地出现在截肢手臂所在的位置。通过适当的锻炼，握紧的幽灵拳头得以放松，大脑得以重组。

大量研究表明，镜像疗法对某些患者非常有效，但仍对约 40% 的患者不起作用。一种理论认为，治疗是否成功与主体想象自己肢体的映射能力有关。[15] 有些人似乎比其他人更难以做到这一点。由于虚拟现实可以替代大部分的想象工作，考虑它在身体转移幻觉上的强大程度，许多人认为虚拟现实是镜像治疗的增强版本。

我的同事吉姆·布洛克是一位心理学家和生理学家，她最近将虚拟现实疗法纳入治疗患有感觉、运动和认知障碍的患者实践中。两年来，我们一直致力于研究使用化身肢体运动来治疗疼痛的项目，并且从斯坦福获得了一笔小额补助金，用于测试虚拟现实在不同类型医疗治疗中的作用。她的一位患者卡罗尔，从她的虚拟现实疗法中取得了非常好的效果。

卡罗尔患有脑瘫和肌张力障碍，导致身体右侧无法控制肌肉收缩，她大部分时间都只能在轮椅上度过。随着时间的推移，这些收缩导致她右臂脱离肩膀，迫使她将胳膊放在胸前。她向我描述她的痛苦是一种"骨头摩擦骨头"的持续的抽痛感，好像被钉子钉住了一样的尖锐的疼痛。因此，卡罗尔试图尽可能避免移动她的右臂。但这只是卡罗尔疼痛最严重的一个方面，她还承受着整个身体的关节、软骨和韧带的慢性不适。卡罗尔一生都在痛苦中度过，但肩关节脱臼后，她的日常活动变得更加艰难。2011 年，卡罗尔无法再忍受这种痛苦，开始寻求医生的帮助。医生给她开了药，进行按摩和深部脑刺激，但效果有限。卡罗尔仍在寻找缓解疼痛的方法，并开始了与布洛克的接触。

治疗方法是这样的：卡罗尔戴上头盔，以第一人称视角通过化身看到自己。卡罗尔用健康的实体左臂握住化身手臂的动作跟踪控制器，但是控制器并不是用来移动她的虚拟左臂。布洛克切换了输入，以便卡罗尔在真实世界运动控制的是她的虚拟右臂。在虚拟现实的幻觉中，她移动的是那只脱落的痛苦地放置在胸前的手臂。她用左手的实体手臂移动她的右手虚拟手臂。但由于她的大脑取得了虚拟身体的所有权，它认为自己移动的是脱臼的手臂。

仅仅几次治疗之后，卡罗尔反馈疼痛减少的效果令人难以置信。当我通过电话与她交谈时，她对通过锻炼受伤手臂所获得的效果非常激动。"我的每一次疗程，都在帮助激活它。向上、向下、侧面——我可以以任何方式转动我的手臂，我第一次注意到，真正的减轻痛苦实际上是首先从疼痛中释放出来，就像能感觉到它从壳里面出来了一样。我很激动。我可以移动我的手臂并进行一些锻炼了。"

卡罗尔的案例让我们颇受鼓舞，我们很高兴看到她的虚拟体验让她的生活更美好。这不仅仅是因为疼痛治疗。正如其他行动有困难的人一样，卡罗尔在虚拟现实带给她的新奇体验的机会中也感到了解脱。我问她如果有机会，是否愿意参加与她的治疗无关的虚拟现实应用抽样调查。即使通过电话，我也能感受到她的喜悦。

"太神奇了！"卡罗尔告诉我，"我在海洋里。"布洛克向她展示了为 Vive 头盔创建的演示样本，该演示将用户置于沉船的甲板上，鱼游到一起。如果你眺望栏杆，你可以凝视下方海洋的深渊。突然间，一条鲸鱼从沉船旁边游过，它的眼睛离你只有几英尺。"这种感觉就像是从椅子上解放了，"卡罗尔接着说道，"这是一种美妙的感觉，拥有前所未有的独立性。"

"那简直太棒了……而我喜欢它的是，我从来没有潜过水，这是一种令人敬畏的感觉，我知道我在水中，有鱼相伴，享有自由。"

我询问卡罗尔她还想尝试什么其他经历，她说："也许是滑雪或者飞行。我不太确定，但这是我第一次去潜水，我喜欢它。"

正如卡罗尔的治疗那样，将一个人的大脑映射到虚拟身体上正在产生一些有趣且有效的临床结果。但是这个过程也产生了一些有趣的理论问题。众所周知，人类非常善于控制自己的身体，但是当化身代表了完全不同的身体形态时会发生什么？我们的大脑经过调整，可以毫不费力地控制我们独特的身体，让我们轻松地转动头部，或者移动手臂和腿部。

为了显示运动皮层的哪些部分控制身体的哪个部位，我们可以将大脑绘制成一个所谓的"小矮人"。这个想法引用了一个古老的信仰，即我们头部有一个控制着我们身体的小人，就像一个在驾驶舱内的飞行员。如果你已经看过这些图表，你会注意到我们的大部分皮质实体都专注于我们的手和脸。但想象一下，如果小矮人突然面对一个全新的身体模式，即当我们突然操作一个非双足的身体时，比如化身龙虾或章鱼，我们该如何应对？大脑可以适应控制额外的六只手臂吗？研究这个问题的理论被称为"小矮人灵活性"，它是虚拟现实先驱杰伦·拉尼尔的心血结晶。

在 20 世纪 80 年代，与杰伦在 VPL 研究所共事的安·拉斯科曾经见过一张人们在节庆上穿着龙虾服的明信片。这激发了她在虚拟现实中创建一个龙虾化身，并开始为它编写身体映射。由于龙虾比人类的身体多了六条肢体，VPL 研究所的身体跟踪套装没有足够的参数来一对一地映射驱动龙虾化身。

因此，科学家们必须创造性地开发出额外的映射，扩展身体套装的功能，更大程度上实现龙虾的活动自由。例如，可以测量身体左臂的运动。这种运动会直接控制龙虾一条手臂的运动，但同时可以在算法上改变身体的运动——例如，重新调整对手臂定位来说不重要的二头肌弯曲，并将弯曲转换成控制第二个虚拟手臂的位置。

最初设计的映射并不可用，但随着时间的推移，随着控制额外肢体的算法发展，出现了一些成功的映射。根据杰伦的观察，人类能够通过实践慢慢学会控制龙虾。在此期间访问杰伦实验室的生物学家吉姆·鲍尔认为，可用的非人类化身的范围可能与系统发生树有关，这是一种进化记忆。人类大脑可能会认知到在其自身进化发展的历史中形成的身体构造比其他的身体构造更有用，当然这不包括龙虾。尽管如此，有趣的问题仍然是为什么某些非人类化身可用，而另一些则不然。[16]

我的研究生安德莉亚·史蒂文森·元在康奈尔大学负责一个虚拟现

实实验室。她是第一位勇于建立、测试和发表关于"小矮人灵活性"论文的科学家。她和我一起与杰伦共事，构建测试身体适应性的算法和指标。杰伦撰写了我们研究结果的最终报告。在两项研究中，我们操纵了一个人控制新身体的能力，并研究了实验参与者如何适应新身体。

　　第一项研究保留了人类的双足形式，但是对正常身体的控制方案进行了调整。我们切换了虚拟手臂和腿部的跟踪数据，使得虚拟手臂控制自然腿，反之亦然。有三种实验条件：正常、切换源和切换范围。在正常条件下，参与者身体四肢的移动被跟踪，化身的肢体也在相似的范围内相应地移动。在切换源条件下，当参与者移动他们的腿时，他们的化身移动其虚拟手臂。同样，当参与者移动他们的手臂时，他们的化身移动了虚拟腿。在扩展范围条件下，参与者的手臂和腿部对应化身肢体并进行适当的移动，但是化身的肢体运动范围要么扩大（虚拟腿部已经具有自然手臂的活动范围）要么缩小（虚拟手臂已经具有自然腿部的活动范围，且没有高过肩部）。换言之，在这种情况下，化身腿部的移动范围比人类更大，而手臂的活动范围小于人类。

　　参与者的任务是在大约十分钟左右弹出气球。气球会出现在他们前面的随机点上，可以通过虚拟的手或脚触碰到。我们能够跟踪到他们用特定肢体弹出的气球数量，以及四肢的整体运动。实验结果证明了参与者的适应性。大约平均四分钟之后，参与者不再迷失方向，并且能根据他们弹出的气球数量，测量他们如何开始适应新的身体结构。即使参与者在正常条件下避免了腿部运动，在切换源条件和扩展范围条件下他们也会更多地移动他们的自然腿。人们很快适应了奇怪的虚拟身体。[17]

　　在第一次旨在了解大脑映射的理论研究之后，我们实际上找到了一家想要资助这项研究的公司。一家名为 NEC 的日本公司希望探索如何提高员工的工作效率。如果你有第三只手臂会怎样？这会让工人们在工厂生产线、数据云以及生活的各个方面更有效率吗？有人可能会质疑第三只手臂会分散注意力，多任务处理会导致生产力下降。另一方面，如果一个人可以掌控第三只手臂，那么它可能会改变游戏规则。所以在接下来的研究中，我们给化身设计了第三只手臂，在胸部中间的位置，向前延伸约 3 米。这是一条很长的手臂。参与者通过在肩部旋转左臂来控制化身第三条手臂的 x 位置，通过肩部旋转右臂以控制第三条手臂的 y 位置。手臂的旋转操作独立于左臂和右臂的位置，因此控制方案不会干扰自然臂执行任务的能力。在这项研究中，参与者必须触摸飘浮在太空中的立方体。对于处于双臂（即正常）状态的人来说，一些立方体在他们身体的臂长范围内，而其他立方体则在他们前方 3 米，需要向前走一步才能触摸。对于那些处于三臂状态的人来说，靠近的立方体可以通过自然臂触碰到，而远处的立方体也可以在不行走的情况下通过第三臂触摸。一次试验的任务包括完成弹出两个紧挨着的立方体和一个远处的立方体，三个立方体同时出现，在试验任务完成后改变颜色。参与者平均用不到五分钟就能掌握第三臂。五分钟后，那些有三条手臂的人通常比双臂者更胜一筹。拥有第三只手臂可以提高工作效率。我们的企业赞助商对结果很满意。

　　就像许多重要的科学发现一样，一则有趣的传闻称杰伦在一次事故中偶然发现了"小矮人灵活性"。在 20 世纪 80 年代的早期工作中，他和同事是第一批在他的 VPL 研究所建立网络化虚拟现实的人。联网需要用户在共享虚拟设置中感受到自己的存在并且能够看到彼此。因此，为每位用户建立三维化身是十分必要的。早期开发系统的优势之一是它支持极快的原型设计，一旦主题出现在虚拟世界实验"内部"时，系统会立刻进行修正。早期全身化身的校准是一大挑战，很难设计出一套衣服，将传感器长时间保持在用户身体上完全精确的相同位置。在映射和启发的快速实验中，会存在一些程序上的漏洞。这往往会导致设计完全无法使用。举个例子，如果化身的头部从臀部一侧伸出，那么对用户来说，整个世界的运转将十分困难，他会立即迷失方向，无法执行任何任务。在探索化身设计的过程中，研究人员偶尔会发现一种不寻常的化身设计，尽管有些不切实际甚至离奇，但仍保留了可用性。

第一个例子发生在杰伦·拉尼尔和汤姆·弗内斯在华盛顿大学人机交互实验室（HIT-Lab）中与其他人合作创建沉浸式城市和港口规划工具的过程中。其中一位科学家正在适应西雅图码头一名工人的化身，他的手臂非常大，相当于一台非常大的起重机。这很可能是因为设计者在测量运动软件中的比例因子中输入了额外的零。值得一提的是，科学家能够通过高度扭曲的手臂在远处的大型场景中拾取车辆和其他物体，准确地完成这一操作并且没有明显的适用性损失。这一意外的观察以及其他类似的实验推动了对"奇怪但可用的化身"的非正式研究。

2014 年，另一场幸福的意外带来了科学上的突破。这涉及上述提及的第一个实验的条件之一，即"扩展范围"条件。想一下这种情况，当受试者稍微移动他们的自然腿时，他们可以看到虚拟腿移动了很多。负责最初"小矮人灵活性"研究的安德莉亚·史蒂文森·元在来斯坦福之前曾参与过疼痛研究。在我的实验室工作了几年之后，她决定把以前的工作与虚拟现实联系起来，在其职业生涯中致力于研究使用虚拟现实来减轻疼痛。因此，她找到了一种新方法，用我们在理论研究中发现的关于手臂和腿部的交换控制来帮助孩子，尤其是儿科患者，治疗单侧下肢复杂区域疼痛综合征（CRPS）。

她的工作还很初步，在《疼痛医学》这份著名期刊上发表了仅有4 名患者参与的试点研究。但即使它属于早期研究，结果也是鼓舞人心的。

复杂区域疼痛综合征非常残酷。这是由于中枢和外周神经系统无法正常相互作用而引起的一种神经紊乱，它会导致患者特定部位的剧烈疼痛，例如腿部或手臂。缓解这种疼痛的最好方法是进行物理治疗，然而治疗过程非常痛苦。在我们的研究中，4 名患者都接受了包括物理和职业治疗、心理支持和医疗访问在内的各种治疗。在整个研究期间，所有疗法（包括药物）都保持不变。

我们添加了一个额外的虚拟现实治疗，以两种方式来掌控跟踪和呈现运动之间的灵活性。首先通过增加参与者在现实生活中的动作与虚拟世界中的化身动作之间的增益，我们改变了在虚拟世界中采取行动必须付出的努力。这里的想法是给患者一个"可以做"的可视化呈现，让他们看到他们有一天可以拥有的移动性增益。心理学家称之为"自我效能感"，能够实现目标的想法对于真正实现这一目标至关重要。从医学文献中可以清楚地看出，积极的可视化可以为治愈患者提供有力帮助。问题是，但是当患者痛苦时，很难在认知上想象出良好的腿部运动。

我们在虚拟现实治疗中做的第二件事是改变患者自然肢体所控制的虚拟肢体，交换腿部和手臂。这种治疗的目的是鼓励患者运动。一般来说，人们更喜欢用手弹出气球。在他们的手臂和腿部动作切换后，儿童必须使用他们的自然腿来移动他们的虚拟手臂。通过利用在这项任务中使用化身手臂的偏好，我们可以创造增加物理治疗的动机。基本上，对于这两种治疗类型，我们采用了为上述研究开发的学术操作，并将其应用于临床环境。

患者戴着沉浸式虚拟现实耳机就座。一连串气球由程序设定后会随机出现在参与者面前的房屋中间四英尺宽的平面上，这个距离是化身手臂伸展的上限。如果参与者击中气球，音频中会发出响亮的"砰"声来予以反馈，地板还会有轻微振动。如果气球在五秒钟内没有被弹出，它就会悄无声息地消失。在几个月的时间内，每位患者会返回实验室进行六次单独的治疗。

第一项试点研究包括两个条件：正常条件下参与者的跟踪腿以一对一的关系控制他们的化身腿；扩展范围条件下参与者的腿部运动的增益

增加了 1.5 倍，这样在自然世界中轻微的踢动也会让化身腿跨出一大步。参与者 A 是一名左腿患有 CRPS 的 17 岁男性，参与者 B 是一名右腿患有 CRPS 的 13 岁女性，两位参与者均为右腿优势。

在第二项研究中我们增加了第三种切换条件，即参与者的自然腿控制化身手臂。因此，在自然世界中靠近腰部高度的踢腿会让化身手臂举过头顶。参与者 C 是 14 岁男性，左腿占优势，参与者 D 是 16 岁女性，非常明显的右腿占优势。两人都被诊断为右腿患有 CRPS。

从临床角度来看，参与者在研究期间非常平静和投入。与此完全不同的是，在标准物理治疗期间，即使非常轻微的运动也常常会导致他们畏缩不前，发出"啊"和"哎哟"之类的声音，缩回自己的肢体，停下不动。相比之下，在虚拟现实治疗期间，他们没有抱怨过疼痛感，都非常渴望参与其中，对治疗的忍耐力也非常好，在五分钟的整个疗程中除了一例以外，都在积极地活动受伤的肢体。这一点非常重要，因为在他们的常规物理治疗期间，尽管治疗期持续 30~60 分钟，但是患者通常活动到 2~3 分钟就开始畏缩退却，抱怨有疼痛感或要求在个人的锻炼中得到休息。参与者完成了 96% 的规定活动，其中一些人提出了项目建议，并提供了更现实的设想。参与者的定性反应总体上是积极的，认为游戏很"酷"，"简单但有趣"或者"激励了我，让我试图超过上次的分数"。[18]

尽管所描述的研究没有足够的参与者来得出关于疼痛功效的结论，但所描述的措施为儿科疼痛患者使用虚拟现实的灵活适应性提供了未来治疗的途径。我们已经证实了虚拟现实的安全性及良好的耐受性，并且不会恶化疼痛或身体功能。我们还发现参与者可以接受跟踪和呈现移动之间的连接断开。在康奈尔大学，安德莉亚花费了大量时间来扩展和测试这种研究范式。基于斯坦福大学的基础，她设计了吉姆·布洛克病人使用的便携式系统。在未来，临床医生可以在患者家中使用这样的系统。

　　尽管有数十年的积极临床结果，虚拟现实仍然需要一段时间才能作为医学认可的治疗生理和心理疼痛的方法。对于像亨特·霍夫曼和斯基普·里佐这样的少数先驱研究人员来说，在大学医院和实验室的受控环境中使用虚拟现实是一回事，而在全美各地的医院和家庭中使用虚拟现实疗法则是另一回事。现在的硬件成本已经大幅下降，虚拟现实能够广泛地供消费者使用；但是，为了使数千万患有慢性疼痛的人获益，还需要获得 FDA（美国食品药品监督管理局）批准并囊括进保险计划中。仍然需要有更多的研究来确定虚拟现实技术是否真正"安全有效"，该标准将认可虚拟现实技术作为经 FDA 批准的医疗设备（包括功能性磁共振成像、除颤器、压舌板和眼镜在内的所有类目）。FDA 在适应新技术方面可能会很慢，并且在决定批准新技术时经常会考虑替代设备的存在。作为一种新型治疗方法，虚拟现实技术需要积累大量临床数据才能达到 FDA 的证明标准。

　　一旦虚拟现实疗法通过这一障碍，它就需要得到保险公司的认可。这就需要医疗补助和 CMS（医疗保险服务中心）的认可，这个身价 1 万亿美元的政府机构负责了超过 1 亿美国人的保险。CMS 在提供保险前要求治疗在"医学上合理且适当"，这需要进一步证明虚拟现实的临床有效性。

　　要达到医院配备虚拟现实的数量和天花板上挂着的电视机一样多，还有一段很长的路要走。但是这种势头正在增长，简单地说，这是一个不容忽视的好现象。虚拟现实不会消灭疼痛，但它是众多能起到作用的工具中的一种。

第 七 章

社交回归网络的时代

Experience on Demand

到目前为止，我已经强调了虚拟现实技术改变现实的特性，讨论了技术如何允许我们（不受现实世界规则的约束）在虚拟环境中做不可能的事情。令人振奋的是虚拟现实技术能够创造这种体验并让人感觉十分真实。而这种超现实的特性已经在第一代消费者虚拟现实内容中最流行的应用程序和游戏中出现了。但是，专注于虚拟现实技术所带来的壮观的个人体验可能会掩盖我所认为的这项技术真正的突破性发展。威廉·吉布森在 1984 年的赛博朋克惊悚片《神经漫游者》中，通过虚拟现实进行了第一次文学之旅。（杰伦·拉尼尔在 1978 年创造了"虚拟现实"一词。）吉布森的虚拟现实，他称为"赛博空间"和"矩阵"，在小说中被定义为"一种共识的幻觉"。吉布森暗示的是，图形或逼真的化身不会让虚拟世界变得真实，而是人们在其中互动的社区、彼此对真实的认知使得虚拟世界充满生机。

人们常常问我虚拟现实的"必杀技"是什么。这种昂贵且公认笨重的技术设备会因何而进行大规模推广？我告诉他们，不会是去太空旅行，或是在体育赛事、虚拟现实电影、酷炫的电子游戏或水下鲸鱼表演的场边座位。至少，它不会是那些你不得不独自去完成的事情，或者说，当你需要与其他人分享这些事情的时候，你觉得互动能力受到了极大的限制。当你可以在虚拟空间与其他人进行简单的交谈和正常自然的互动时，虚拟现实将成为一种必不可少的技术。

当然，我不是第一个，也不是唯一一个认识到社交虚拟现实至关重要的人。毕竟在虚拟现实领域投入巨资、启动虚拟消费革命的公司是一个庞大的数字社交网络，这绝非偶然。自2014年Facebook收购Oculus以来，创建能够可靠地为所有虚拟现实用户实现高度"社交存在"的硬件和软件一直是技术上的"必杀技"。数十家公司，无论大小，都试图完成这项极其困难的任务。它仍然是虚拟现实中最困难的问题之一——如何将两个或更多用户放在一个虚拟空间，并让他们以人类的方式彼此或与虚拟环境进行交互？如何捕捉和传达在面部动作、肢体语言以及眼睛凝视中所传达出的人类社交互动的微妙之处？虚拟现实提出的挑战再次提醒了我们人类经验的丰富性和复杂性，因为要了解如何使我们的化身显得真实，我们必须知道人类正在做什么（有意识地和无意识地）使我们在现实生活中的日常接触变得真实。而这是一个让哲学家和心理学家都觉得很复杂的问题。

在开始研究创建良好的社交虚拟现实之前，我想简单地讨论一下对于我们这些致力于解决这个问题的人来说，能够正确且迅速地解决问题是至关重要的。在前面几章，我写了一些关于虚拟现实如何帮助教育和提高我们对环境损害意识的研究。但这些结果都取决于虚拟现实如何能够更有力地进行呈现，从而可能改变我们对环境的思考方式。我尚未深入了解的是，有效的社交虚拟现实的创建如何能够从根本上改变我们的生活结构和沟通方式，即允许远距离的人们以新的方式进行社交、协作和开展业务。

这可能会对我们的生活质量产生巨大的有益影响，尤其是减少每日长途通勤，让人们更灵活地在办公室外工作，从而腾出时间进行更高效的工作和娱乐。这可能会对地球的健康产生重大影响。如果你关注一下气候变化的主要人为驱动因素，化石燃料的燃烧一定在排行榜的首位：美国近 1/3 的二氧化碳排放是由于交通燃料的燃烧。如果我们想在未来发展可持续的文化，减少我们在汽车和飞机上花费的时间是至关重要的。

在看到《圣何塞水星报》头版一篇关于一位叫肖恩·巴盖的商人的报道后，我联系了他。巴盖向广大客户销售尖端医疗技术，每年的国际航空里程数达到 30 万英里。在他的一生中，仅在美国联合航空公司就有 250 万英里以上的里程。有一年，他访问了 17 个国家超过 100 个城市，且仅在酒店度过了不少于 2/3 的夜晚。在过去的 10 年里，如果把肖恩在美联航的里程数加起来，他已经绕地球飞行了将近 80 次。[1] 即使是像巴盖这样的商人，这样高强度的行程也十分残酷。[2]

但是暂时忽略汽车燃油和喷气燃料对环境造成的破坏，只考虑安全问题。全世界每年有 130 万人死于车祸，另有 20 万至 5 000 万人受伤或致残。在美国，2017 年的死亡人数超过 4 万。[3] 许多人会说，"9·11事件"是我们有生以来经历的最严重的全国性事件，有近 3 000 人在可怕的恐怖袭击中丧生。然而仅在 2011 年，美国汽车造成的死亡人数就是基地组织造成的 10 倍多。

接着是日常通勤，越来越多的汽车正在向道路基础设施加以重压，更加剧了道路通行的拥堵。在美国大部分地区，高速公路的投资和扩建跟不上人口增长的步伐，上下班的通勤时间日益增加和恶化。这使得工人们痛苦不堪，扼杀了生产率。这也可能会增加路怒事件，近年来这种情况发生得更加频繁，也更加致命。[4]

旅行也会传播疾病。当我坐在一艘游轮的小船舱里，带着将近 2 000 名乘客和数百名船员爬上阿拉斯加海岸时，我感到非常幸运，能有机会从海洋上看到美丽的海岸线。但是这种宁静被船上各种各样的细菌打破。疲惫的旅客排着队办理乘船手续，乘务员正在分发传单，传单上印着"保护好你自己"的法律通知，提醒在船上有可能感染可怕的胃病病毒等。游轮的每一个角落都有消毒机。员工们穿着鲜艳的橙色制服，在餐厅的入口处彬彬有礼，但是当我们进出时，他们以一种我们不能拒绝的方式拦住我们，递过来一瓶洗手液。事实上，当我们在旅行时，我们放行李的架子或各种管子都是细菌的滋生地。任何一个坐在打喷嚏、流鼻涕、流感缠身的旅客旁边的人都知道我在说什么。拥挤的飞机座位、扰人的时间变化、拥挤的机场、难以预测的延误和不舒适的酒店床位是困扰世界旅行者的常态。

以上所有并不是说虚拟现实将取代所有的旅行——没有什么比亲自参观国家公园、外国城市，或者见所爱之人更好的经历。一些商业交易需要当面达成协议。每天都有数以千计的商务人士搭乘飞机飞往全国各地，有时只是为了短暂的会议。许多人立刻转身返回机场，以便赶上家里的晚餐。所有这些会议都需要实际在场吗？到达机场、候机以及在机场之间飞行耗费的时间有意义吗？

在这一点上气候科学所持观点是很明确的：如果我们真正关心地球上的可持续生活，我们就必须在旅行的时间和地点上更加有选择性。我们必须认识到，这些经历需要付出代价，尤其是到 21 世纪末地球将再增加 40 亿人口。[5] 如果我们真的想为 110 亿人在健康的星球上共存找到一种共同、可持续的方式，那么我们将不得不找出减少旅行的方法。现在这种大量的低效和浪费正在杀死我们的星球（和我们）。

毫无疑问，这已经不是你第一次听到有关技术将如何消除旅行，或者允许你在家工作的承诺。年长的读者可能还记得 1993 年 AT & T（美国电话电报公司）的一系列广告，这些广告展示了各种很快会改变世界的未来技术（当然都是由 AT & T 来实现）。其中一些预测非常有先见之明——在广告中，一系列简短的剪辑展示了激动人心的创新，如电子书、无现金收费亭、平板电脑和在线购票。但对我来说，真实的乌托邦时刻发生在一个迷人的场景中，一个晒黑的、放松的商人在海边小屋的笔记本电脑上召开电话会议。广告中问，"你是否曾经光着脚参加会议？你会的。"事实上，我们确实可以。这项技术已经到来。但是工作场所的文化并没有快速地拥抱远程办公室。

虽然电话会议和视频会议在商业上变得更加普遍，但无法改变的事实是，大多数经理仍然希望与会者现场出席。销售代表仍期望从一个城市到另一个城市与客户会面。顾问仍然需要到访公司总部并亲自会见客户。学者们仍然需要前往会议上发表论文。以计算机为中介的沟通在某些用途上是可以被接受的，但是当触及实质时，面对面交流仍然是最重要的接触方式，通常是在用餐或喝酒时。

"身体接触非常重要，"当我询问为什么不使用通信技术，而更倾向于飞到亚洲开展为期一天的商务旅行时，这位乘飞机在全世界各地开会的肖恩·巴盖如此答复，"在电话或视频会议里，你不可能把手放在别人的肩膀上，看着他们的眼睛来达成协议。"

他继续告诉我，即使在规范礼仪是鞠躬而不是握手的日本，他也会竭尽全力握住重要人士的手。身体接触是他沟通方式的主要部分，他的工作依赖于成功传达诚信和能力的信息。让巴盖这样的企业高管放弃面对面会议，采用虚拟现实远程临场需要说服力。他或许可以通过监视器传达他令人印象深刻的医学知识，敏锐的科学数据呈现能力以及前瞻性，但是个人魅力和值得信赖的品质最好还是通过晚餐或酒会亲自来分享。

如果虚拟旅行和远程呈现要取代亲身旅行，就必须设计出一个系统，能够让肖恩·巴盖的虚拟版本像他真实的本人一样温暖而富有魅力。为了做到这一点，设计化身和虚拟世界以及用户交互系统的人，需要理解并在一定程度上在虚拟身体中，复制出现实生活里社交互动中经常无意识发生的复杂动作编排，包括身体语言、眼球运动、面部表情、手势和身体接触。Facebook 的 Oculus 部门首席科学家迈克尔·阿布拉什写道：

"也许最重要的亟待解决的问题是，如何让虚拟现实令人信服地呈现出真实的人，和他们的独特性。从长远来看，一旦虚拟人物像真人一样个性独特且可辨识，虚拟现实将成为有史以来最具社交性的体验，让地球上任何地方的人都可以分享所有想象到的体验。"[6]

让我们转向威廉·康登和亚当·肯顿的研究，来了解捕捉那些能够使社交虚拟现实起作用的人类交互的微妙之处是多么困难。康登是匹兹堡西部精神病学研究所和诊所的心理学教授。20 世纪 60 年代，通过对语言和非语言行为的创新性研究，他在研究所开创性地进行了人类互动的分析，他称为"协调同步"。康登和他的同事用一种特殊的相机拍下两个人的谈话，这种相机可以以每秒 48 帧的速度进行拍摄，是当时普通相机的两倍。然后，他和他的同事通过标记事件来详尽地处理胶卷，以时间为单位展开这些事件。这个系统"类似于足球教练用来研究比赛影片的系统"。[7] 每一帧上最细微的互动细节都被记录下来以供后续分析——交谈的内容或拍摄的主体如何移动。康登会注意到每个拍摄主体的细微动作，比如左小指、右肩、下唇或眉毛，并观察这些动作是如何与谈话的节奏和内容相协调的。这项大事业的重点是创建一个系统来了解社交互动的运作方式。他的研究揭示了人类肢体动作和语言之间的复杂关系。在研究中，他创造了一种他人可以借鉴的研究语言和非语言沟通的工具。这种工具比当时学者所了解的要复杂得多。他写道，"因此，说话者的身体会随着他的内容而进行动作。此外，听众的身体会随着说话者的身体有节奏地给出动作。"

1970 年，当时在布朗克斯州立医院工作的英国心理学家亚当·肯顿利用康登的方法揭示了一个原则，该原则继续指导着当今大部分有关非语言行为的研究和应用。肯顿发现的是身体动作（姿势、眼神凝视和手势的细微变化）不仅随言语的节奏摆动，而且会对其他人的动作做出反应。事实上，不论细微还是明显的动作，都是人与人之间高度复杂的关联。肯顿在一项研究中，录制了伦敦一家酒店酒廊的聚会。椅子像酒吧里那样排成一个圆圈，里面坐着八位男士和一位女士，他们的年龄在 30 岁到 50 岁之间。他们被鼓励着去做 20 世纪 60 年代后期酒吧里通常发生的事情——交谈、喝酒和抽烟。主持人会偶尔介入，但大多数情况下这九个人自己进行社交，有时是大型谈话的一部分，有时则组成较小的私人交谈小组。[8]

在接下来分析影片时，肯顿用康登的协调同步工具，以每秒 16 次的频率精确地绘制出 9 名说话者的头部、躯干、手臂和手的动作，并创建了团体动作和同步的流程图。通过关联所有数据，他发现社交互动中动作的时机非常精确。团体的互动是一种自动的精心设计编排，就像是经过多次练习、最灵巧的芭蕾舞一样。一个人姿势略有变化就会引起另一个人的头部微微偏移。肘部的弯曲是因为说话人的改变。这种设计编排工作会在个人体内发生——如强调讲话时身体动作的精确时机，但更重要的是发生在人与人之间。一个人的言辞和手势会在一群人中产生波动，也会控制他人的姿势。所有这一切都在不到一秒的时间内完成，而且大多数都发生在潜意识层面。

肯顿因发现群体互动协调的复杂性，以及人与人之间精心设计编排的非言语和言语行为的精确程度而受到赞誉。他证明了协调同步是社交互动的秘诀。但是它会在不同的交谈中发生改变——有时这种同步是流动的，在其他谈话中可能一并出现。同步的数量可以反映交谈的质量。引用肯顿的话说："与别人一起移动是为了表明像对方所关注和期待的那样'和他一起'。因此，在互动中协调动作可能非常重要，因为它是两个人发出彼此'敞开心扉'信号的方式之一。"[9]同步对话比缺乏非言语关系的对话更好。另外，当技术干扰到这种同步时，交谈就会受到影响。1996 年，来自伦敦的心理学家团队在 20 年前对视频会议进行了一项研究，来检验延迟的影响。他们邀请了 24 对受试者，通过视频会议完成任务。其中一半有较高的延迟——大约半秒钟，另一半的延迟则非常低。这些实验小组必须一起使用地图来执行任务。结果有两个：首先，在延迟状态下的参与者在任务中犯了更多的错误，交谈中的滞后实际上损害了生产率；其次，在高延迟期间，说话者更频繁地相互打断。我们大多数人在糟糕的手机或 Skype（即时通信软件）对话中都有类似的经历。延迟会损害交谈的"流动"，或者用肯顿的话说，损害了同步性。[10]自从肯顿在 20 世纪 60 年代后期开展了具有里程碑意义的工作以来，已有数十项研究检验了协调同步对结果的影响。20 世纪 70 年代后期的一项研究调查了约 12 所大学课堂，证明了具有高度非语言同步姿势的学生和教师比低同步的师生关系更好。他们认为自己更兼容、更团结、更融洽。[11]

今天，我们不再需要费力地分析电影静帧来研究同步。通过虚拟现实可以更精确地测量身体动作。像微软 Kinect 这样的跟踪系统可以检测和记录三维空间的细微身体动作，收集数据，然后由计算机进行分析。我们在一项研究中使用 Kinect 捕捉到许多组人员在合作头脑风暴任务时的微观动作。因为这个过程是通过计算机完成的，而不是像康登和肯顿所采用的更为费力的方法，所以我们可以调查更大规模的样本——50个组而不是仅仅几个人，并且检验比先前研究持续时间更长的交互作用的数据。然后，我们将受试者之间的微观动作相关联，产生"同步分数"。身体语言表现出更多同步性的人获得的分数高于同步性较低的人。当我们比较一组受试者的同步得分，然后再对照这组在头脑风暴任务中的表现时，同步性再次预测了融洽的关系。在我们的研究中，高同步的实验组在任务中提出了更有创造性的解决方案。他们实际上表现得更好。非语言同步是一个良好且富有成效的谈话的标志。[12]

但是同步性的优点不用被动触及。同步性是可以通过设计来实现的。

为什么士兵会被要求一起行军？为什么教堂里的人会齐声歌唱和鼓掌？事实证明，非语言同步不仅是良好融洽关系的结果，它实际上也可以带来积极的结果。2009 年，斯坦福大学的研究人员通过走路来操纵同步性，受试者必须在步调一致和正常走路中二选其一。研究显示，与正常走路的人相比，同步动作的人表现出更多的合作和对彼此的慷慨。数十项研究已经证明这种效应——非语言协调有助于提高社会凝聚力和团队生产力。[13]

菲利普·罗塞德尔喜欢讲述他是如何进入创建虚拟世界这个领域的。"当我还很小的时候，我只是痴迷于拆东西，并用木头、电子、金属或其他东西来建造物品。"[14] 在十几岁时，他决定要让自己的卧室门像他在《星际迷航》中看到过的那样自动打开。让父母非常不满的是，他切断了天花板上方的托梁，并在阁楼上安装了一个车库门开启装置，通过这样的方式他实现了这个异想天开的少年梦想。后来，在他二十多岁时思考能用计算机以及全新的互联网做些什么，他会回想起自己对修修补补的热爱，并建立了互联网历史上最具创新性和破坏性的平台之一。

他想，我们中有多少人对我们想要做的事情有惊人或疯狂的想法，但是因为没有实现的资源、时间或知识而没有去追求它们？他认为，也许互联网可以成为人们实现梦想的地方。更重要的是，人们可以合作完成这些事情。

在过去的二十年里，罗塞德尔一直致力于打造虚拟世界。他从流行的在线虚拟游戏《第二人生》开始。该游戏于 2003 年推出，是同类在线世界中最受欢迎的一款游戏。《第二人生》实现了罗塞德尔对虚拟世界许多方面的愿景——它的服务器允许大量用户在线进行社交，在他们的世界中，他们可以在《第二人生》的市场上建立或购买用于高度定制化身的物品，包括土地、房屋、珠宝、衣服等。但所有这些定制和可能性都是有代价的：《第二人生》前 12 年注册用户达到 4 300 多万，对于其中绝大部分人来说，用密集菜单和复杂键盘（以及鼠标）驱动界面是一大障碍。[15] 罗塞德尔认为这是《第二人生》没有实现持续增长的主要原因之一。常规用户的数量大约是 100 万人——当然，这是一个合适的人数，但并不是罗塞德尔所想象的庞大而拥挤的虚拟世界。

罗塞德尔的精力几乎疯狂地专注于为他的虚拟化身开发复杂的姿势和社交线索。这一点是 High Fidelity（高保真公司推出的另一款虚拟程序应用）推出不久后，我在访问他的办公室时注意到的，当时这个罗塞德尔期待已久的新项目首次发布。这场活动在一个典型的刚起步的创业空间里举行——大厅里堆放的自行车、高高的天花板以及到处都是的白板和笔记本电脑。唯一值得注意的差异是这里的 Oculus 开发工具包数量异常多，每个工作区外都安置了红外跟踪摄像头。

从一个特产是莫吉托的临时酒吧取了一杯酒后，我开始在大型的开放式房间里闲逛。十几名身着类似实验室外套的员工也在走动，向客人展示虚拟世界的最新功能。乍一看，High Fidelity 看起来像具备了更好图形的《第二人生》。但很快两者间的重大差异就显现出来。首先，事实上，正如传统的计算机游戏或虚拟世界，High Fidelity 仍然可以在显示器上观看并使用控制器或鼠标和键盘进行导航，但是它显然是以虚拟现实思维设计的。用户可以居住在他们化身的身体上（而不是《第二人生》默认模式下，越过肩膀观察它们）。和《第二人生》一样，它可以支持实时音频，允许你与其他用户聊天，只不过现在这些声音是三维空间化的。

但真正突破性的差异是 High Fidelity 直观的界面，它取消了笨拙的鼠标和键盘控制，并允许用户的化身反映他们现实世界的姿势和面部表情。例如，High Fidelity 虚拟环境中的化身具有逼真的手指，用户可以通过安装在头戴式显示器上的传感器摆动手指来控制化身的手指。

位于显示器顶部的深度相机捕捉真实游戏者的面部表情和姿势，并将玩家的身体动作映射到他们的数字化身上。我打开头戴式显示器来体会进入 High Fidelity 的感觉，而不是通过计算机显示器的框架屏幕观察它。由所有硬件创建的场景是基本的城市景观，其中化身可以行走、飞行、做手势以及彼此交谈。登录后不久，我忘记了实际房间里啜饮着鸡尾酒在我周围闲逛的人群——我正在看着、做手势和聆听的是虚拟的人。这种转变迅速又彻底。

与《第二人生》一样，罗塞德尔追求 High Fidelity 规模化的雄心几乎是无穷无尽的。罗塞德尔明确表示，他希望它不亚于威廉·吉布森和尼尔·斯蒂芬森在科幻小说中预言的虚拟世界。"虚拟现实是继智能手机和互联网之后社会的下一个破坏者，"罗塞德尔说，"人类的大部分创造力可能会进入这些空间。我认为这种情况会出现。我们将会像把那些转移到互联网上一样，将我们从事的大部分工作、设计、教育和娱乐转移到虚拟世界。"[16] 他想象了一个可能超过地球大小的虚拟世界。阿拉斯加的人们可以参观一个虚拟的纽约市，在城里过夜，而真正的纽约市的人们可以爬上德纳里峰（位于美国阿拉斯加州中南部）以摆脱城市生活的压力。为了实现这一目标，他打算放弃使用集中式服务器——支持在线世界的标准程序，并将运行他的虚拟世界所需的计算能力外包到不断增长的用户家庭计算机和移动设备网络上。"我们将拥有（比现在多）1 000 多倍的可用的机器。"他在 2015 年的一次采访中说，"如果你可以使用它，那么虚拟世界会有多大？最终你可以得到视频游戏的丰富细节，你将获得具有地方细节的巨大空间。如果我们使用今天拥有的所有这些计算机，虚拟空间可能就是今天地球陆地面积的大小。"这将为新公司节省数百万美元，并对能源消耗模式产生巨大影响。[17]

当我第一次尝试 High Fidelity 时，我注意到我经常低头看自己的手，看到它们在我和其他化身互动时的移动是多么新奇。当然，我们在实验室里进行了手部追踪。谈到手部的表现力，你可能也戴过在体育赛事中常见的"我们是第一"的加油泡沫手指——即使配备了先进的运动控制器，大多数化身也是巨大笨拙的附属物，几乎无法接近完全清晰的人类手指所实现的可能性。罗塞德尔痴迷于双手。他把它们看成引导人们体验虚拟世界直观交互的关键。"用你的手来操纵事物，"他喜欢说，"是人类经验的核心部分。"而且手不仅可以用来操纵物体，它们也是我们与他人进行身体接触的主要方式。这就引出了罗塞德尔最喜欢的问题之一："什么是虚拟握手？"这个问题旨在促进讨论仍然存在于两者间的巨大差距，即真实世界中令人信服的经历和虚拟现实中存在的社交体验。虚拟握手是罗塞德尔对于有效社交存在的隐喻，这种体验可以把世界上的肖恩·巴盖们从令人筋疲力尽的旅程中拯救出来，并真正吸引人们进入虚拟社交世界。

虚拟握手

我经常会思考这种握手的概念及其他的虚拟未来。多年来，我一直在研究这个社交虚拟现实问题的某些方面。2010 年 6 月，我访问了总部位于荷兰的飞利浦公司。飞利浦是全球最大的电子公司之一，在全球数十个国家拥有超过 10 万名员工。一个多世纪以来，它的技术一直在全球范围内被广泛应用。飞利浦资助了我的实验室研究。

事实上，对于我与飞利浦的合作，从加利福尼亚州的斯坦福大学到荷兰的埃因霍温的飞行，展示了所有旅行的这些特征——加上中途停留，飞行时间占据了一天的 3/4，还有 9 小时的时间变化，腰部开始疼痛（是的，飞行旅程给了我足够的时间来思考，为了开发出一套减少实际旅行的系统而反复飞往荷兰是多么讽刺）。

与飞利浦的这个项目的目标，是探索在虚拟经历中传达接近在我们面对面交谈时产生的亲切感的方法。我们研究了许多技术并测试了它们的心理效应。当然，当前的虚拟现实技术还无法传输我们与他人互动时传达的所有微妙暗示，但它确实提供了一些有趣的替代方案。在很多情况下，当我们与某人交谈时，我们看到的身体线索是发自生理的反应——脸红、神经抽搐或真正快乐的笑容。这些类型的反应通常伴随着人的生理变化。如果我们将一个人潜在的生理反应传达到虚拟环境中会怎样？

例如，我们建立的一个系统不仅能够让人们看到彼此的化身，还可以看到他们交谈对象心跳的可视化数据。想象一下第一次约会时邀请某人赴约。你确信你的提议 80% 会得到一个响亮的肯定——但是仍有 20% 的拒绝率是不可忽略的。当你（和你的化身）自我推销时，你可以通过 Skype 或者高端视频会议系统看到其他人可能看到的一切——对方的面部表情、身体姿势和声音。但是你会得到一层额外的信息——她心跳的生物特征读数。随着你说出排练很久的约会邀请，你可以看到她心跳加速。换言之，虚拟互动为你提供了面对面交谈所不具备的工具，你可以根据她的身体节奏来调整你的措辞。我们在斯坦福大学的研究观察了人们对于感知伴侣心跳的反应，结果显示出了更高的亲密感。当人们瞥见某个人的生理状况时，他们感到"更亲近"。[18]

飞利浦项目的另一部分是构建虚拟社交触碰。除了我之外，飞利浦还联系了另外一位学者，他们认真研究了通过互联网发送触碰的心理含义：埃因霍温科技大学的教授维南是我的同事和朋友。维南是构建触觉设备的专家，该触觉设备可以在一端通过检测身体动作的传感器来测量触碰，同时在另一端通过电流、振动、马达和气泵产生感觉。他也特别擅长测试，判断这些是否能有效引发心理上的亲密感。

触碰可以成为社交生活的一个重要维度。研究表明，服务员触碰顾客的肩膀可以影响他们点更多的饮料，而且比没有肢体接触的人能够拿到更多的小费。（前提是他们没有在调情，且绝对不会引起餐桌上另一位顾客的嫉妒。）这种所谓的"迈达斯之手"效应早在 20 世纪 70 年代的心理学文献中就有记载。维南和我想知道虚拟的触碰能否以相同的方式起效。这种效果是维南的特别兴趣所在，他已经工作了近十年来解答这个问题。事实上，他在这个领域花费了大量的时间，也启发了他给最小的儿子起名为迈达斯的灵感。

在第一项关于虚拟空间中的点金手研究时，维南让两个人使用即时消息在线聊天。一个是受试者，而另一个是"同盟者"。"同盟者"是实验的一部分，他假装该研究的另一个参与者。在交互过程中，受试者在手臂上佩戴一个袖套，这个袖套使用六个振动触点来模拟在手臂上轻敲。"同盟者"可以在联网的计算机上激活振动袖套，有一些受试者接收到了来自"同盟者"的虚拟触碰，而其他受试者没有。实验结束后，"同盟者"从受试者面前的计算机前站起身，并将 18 枚硬币掉落在地上。维南测试了受试者是否会帮忙捡起硬币，他预测那些接收到虚拟触碰的人比没有接收到的人会更愿意提供帮助。他的实验证明了大多数被触碰过的人都在帮忙，而那些没有被碰触过的人仅有 50% 选择帮忙。换言之，虚拟的"迈达斯之手"仍然奏效。[19]

维南做了重要的复制工作。换句话说，它表明通过复制全球学者公认的发现，虚拟触碰可以带来与物理触摸相同的好处。我的实验室采取了不同的方法进行工作，研究只能在虚拟世界中发生的触碰的优点。我们研究了模仿。众所周知，非语言模仿会产生影响——只要巧妙地配合他人的动作姿势，你就能让他产生好感。纽约大学坦尼亚·恰特兰教授也许是第一个为这种"变色龙效应"提供严谨数据的人。她让人们去参加工作面试，模仿面试官的非语言姿势，比如双腿交叉。模仿面试官的人比不模仿的人更容易得到有利评价，即使面试官没有意识到自己被模仿了。[20]

你有没有握过自己的手？通过触碰模仿也可能会产生影响。为了测试这点，我们从万圣节服装店购买了一只橡胶手，并将它附在"力量反馈式操纵杆"上，该操纵杆使用发动机回放由另一个类似操纵杆记录的动作。通过让一个人握着橡胶手并移动操纵杆，另一个人在类似的握手机上感受这个动作，我们实际上构建了罗塞德尔假想的对话片段——虚拟握手。这两个人在实验室里面对面，但从未有过身体上的接触。然后让他们使用我们新制作的机器握手。但他从来没有真正感受到对方的握手。相反，他接收到的是我们之前记录好的他自己的握手，并被告知这是来自另一个人。换句话说，他和自己握了手。

与接收到他人实际动作的人相比，那些接收到自己握手的人会更喜欢他们的同伴——他们在谈判任务中会更温和地对待那些"数字变色龙"，并且认为它们更讨人喜欢。人们不知道自己被模仿了，却胜于熟悉的触碰感所产生的微妙效果。

想象一下向 1 000 个人发表演讲，并试图让他们相信一些荒谬的想法。例如，为什么他们应该选择虚拟旅行而不是实际上的旅行。我经常这样做。也许，如果我能向所有听众发送个人的"迈达斯之手"，他们会更乐意接受我的信息。不幸的是，我需要耗费好几个小时才能和每个人握上手。但如果每个人都拥有飞利浦电子公司正在设计的这款应用程序，使用当今智能手机中的加速计和振动马达来模拟触碰，那么我可以利用维南的实验成果，同时和所有人握手。但是，甚至比仅仅轻拍肩膀更好的是，我可以同时向他们发送不同版本的握手，按比例扩大我的模仿能力。这将是政治家的梦想。

人类的脸部由四十多块肌肉组成，能够表达出极其丰富的表情。直到最近，化身所能表达的情绪都非常少——不会比你手机信息应用程序上列出的表情符号更多。但在 2015 年，一家由一小群瑞士科学家组成的名为 Faceshift 的公司，似乎破解了人脸跟踪和渲染的代码，并通过一种巧妙的方法实现了这一目标。

他们开发了一个可以"追踪"面部动作的实时系统。红外摄像机以每秒大约 60 次的频率扫描面部。根据光线从相机反射到面部的每个点并返回相机所需的时间，可以创建面部的深度图。这并不新奇，微软 Kinect 多年来一直在做这件事。Faceshift 的新特点是其软件能够读取手势和情绪，将面部动作分为 51 类，称为变形状态。例如，左眼睁开的百分比是多少？笑容有多大？当某一组动作形成一种表达时，可以测量到这些变化并将其归类为特定的情绪。因此，每当红外相机扫描人脸时，它都会返回一个 51 种变形状态的值。当你在读这本书的时候，大多数的状态值都很低。也许是眉毛挑起了一下，因为你在集中精神时会紧锁眉头。但是与和朋友们说笑相比，在阅读时你的面部动作可能不会太多。

方程式中的下一步是将变形状态呈现在化身上。Faceshift 团队设计了能够快速有效地显示变形状态动画的化身。我注意到这些年来，以前的技术采用了一种完全不同的方法，更多的是基于自下而上的微动作的呈现，而不是自上而下的情绪状态分类。这种差异令人瞠目结舌。

我永远不会忘记我第一次体验这项技术。一位同事坐在办公桌前看着电脑。计算机上是与他脸部高度逼真的 3D 模型，这个模型在几分钟内就被程序扫描出来。它看起来就和他本人一样，和我见过的任何图片或视频一样真实。但更重要的是，它可以像他一样实时移动。当他挑起一边的眉毛时，他的化身也是如此。当他笑的时候，化身也呈现了他的笑——不是通用标准的笑，而是那种我能从任何地方都辨识出来的笑容。即使化身的脸看起来不像他，我也可以依据他独特的姿势立刻将他从人群中辨认出来。

当他和我谈论这项技术的时候，发生了一件奇怪的事情。我不再面向他说话了。在我们的谈话中，我的身体姿势已经慢慢地偏离了他的身体而转向屏幕上的化身。一方面，我对我的同事非常无礼——没有看着他，并且因为我转过身背对着他，也违背了个人空间的潜规则。另一方面，我对他的化身很有礼貌。在谈话进行到某个时刻，我们意识到发生了什么。我们拍了张照片，并向其他同事发了一封祝贺邮件。化身刚刚变成了现实。

在接下来的几个月里，我看到这种技术从台式电脑迁移到平板电脑和智能手机上。想象一下用手机通过 Facetime 或 Skype 联系朋友，你看到的是朋友的化身脸在实时地表达实际上脸部的动作，而不是看一段视频录像。起初，我对这个"手机化身"系统仅抱有轻微的期望，但后来我的思绪完全被它的社交程度所震撼。苹果电脑公司肯定也同样被震撼到了。于是，它在 2015 年收购了 Faceshift 公司。

相比视频，我们更喜欢用化身来沟通的一个原因是延迟。视频摄像头并不是很有鉴别力——它们按时记录正在发生的一切，并不区分重要和不重要的东西。例如，当你用传统的视频会议通信时，每个帧上的每个像素都通过网络进行传输。想想看——每次屏幕更新时，你身后桌子后面的那盏灯都会通过网络传播。即使是用好的压缩算法也极其低效。在谈话中，我们应该注意对方的姿势——他们在看哪里，是否在微笑，讲话时嘴巴有没有抽搐。但视频会议的本质是，不论这个特性对于沟通有多重要，都将摄像机看到的所有内容传送到网络上。

虚拟现实的奇妙之处在于不需要通过网络一遍遍地发送所有这些像素。《第二人生》、High Fidelity 和其他更新版本的社交虚拟现实的运作方式是将所有 3D 模型都本地存储在每个人的机器上。无论你在哪里阅读这本书，环顾四周，你的房间都可能有椅子和桌子，或者你可能在火车上。所有这些对象（包括你）在虚拟现实中都会被记录为 3D 模型。这些模型（或者至少是你选择给其他人看到的模型）本地存储在虚拟现实聊天中每个人的计算机上。

虚拟现实以循环方式运行——计算机计算出某人正在做什么，然后依据这种行为重新绘制他或她化身的变化。例如，当一个人在克利夫兰摇动他的头、微笑，用手指的时候，跟踪技术，比如 Faceshift 系统，会测量这些行动。由于对方的计算机里已经存储了他的逼真化身，所以当这个人在克利夫兰移动的时候，他在塔斯卡卢萨的好友的计算机通过互联网接收到该信息，并调整他的化身，让它也随之移动。跟踪两位说话者的动作，在线传输，并将它们应用到各自化身上都可以无缝发生。所有参与者都会感觉到他们似乎在同一个虚拟房间里一起看电影。在社交虚拟现实中，跟踪设备检测人的行为，并向其他人的计算机发送指令，重绘执行相同动作的化身。每个人的计算机都会向其他机器发送一个信息流，汇总用户当前的状态。

事实证明，与发送高分辨率图像相比，跟踪数据在带宽方面几乎可以忽略不计。所有像素都已存储在每台计算机上。考虑下 Faceshift 的例子，一个非常真实、逼真的模型已经存储在机器上。它大约是 51 个数字的字符串大小的几千倍，这是呈现化身的变形状态所需的文本。因为通过互联网发送的是微小文本数据包而不是巨大的图片，因此延迟减少了。结果就是，当你的朋友做出动作时，你可以在当时就看到他的姿势，而不是在宝贵的一秒钟之后。

通信委员会花了 90 分钟来访问实验室，它在网络立案中赢得了一场案子的胜利。在讨论了虚拟现实带来的一些隐私问题之后，我们转向了带宽主题。即使使用最有效的数据传输，数亿人花费大量时间在虚拟现实中工作和社交的可能性也给我们的通信基础设施提出了挑战。惠勒想知道，政府需要做些什么才能让虚拟世界运转？我能给他最好的比喻是电信版本的通勤高峰时段。随着虚拟现实的广泛使用，当人们通过网络发送他们的化身以及客厅的 3D 模型等时，将会周期性地出现大规模爆发的文件传输。但是随着对话的进行，一旦这些相对短暂的"高峰时段爆发"结束，紧跟着会是非常少的流量，仅仅是跟踪数据在反复。然而，挑战在于高峰时间是可以预测的，就像你可以预料到工作日的早晚高峰。但虚拟现实的使用可能并不是那么有条理。当然，目前还没有关于虚拟现实的政策和规范，但惠勒认为他现在需要弄清楚这个会出现带宽激增，接着产生长时间轻量级流量的系统。

几十年来，我一直听到关于化身如何比视频效率更高，并最终减少带宽（和延迟）的争论。直到我第一次在手机上看到 Faceshift 系统，我才真正体会到这一点。由于本地保存的化身不必通过网络传播，因此图像本身可以非常精细。它们看起来不像漫画，而是超高分辨率的模型，具有完美的阴影和反射照明效果。它们会让你在 Skype、Facetime 或其他视频会议上看到的网络面孔的真实程度相形见绌。为了防止延迟，这些会议往往会压缩图像显示的真实程度。联网的 Faceshift 化身的视觉质量简直让我感到震惊。这是我见过的"最真实"的面孔。

使用该系统几分钟后，另一个意想不到的好处变得非常清晰。我的妈妈经常在全国各地居住，我经常和她 Skype 通话。在我们聊天的时候，她通常会拿着平板电脑。对她来说，以让她的脸保持在屏幕中心的方式来握住平板电脑是一件非常具有挑战性的事情。

事实上，在我的孩子们和他们祖母视频时，很多时候只能看见她鼻子以上的部分，因为她的下半部分脸没有显示在屏幕上。在虚拟现实中，化身脸部总是处于完美居中的位置。这不仅对于观看的人来说很棒，对于另一个人来说也是如此，他们不再需要努力以尴尬的角度握住手机以保持自己处于中心位置。这是看起来很小的功能之一，但实践中却是每天都要用到。经历过这个之后，再回到视频真的很难。

当然，化身解决了视频聊天中存在的眼神接触问题。当我们使用像 Skype 这样的程序时，我们的眼睛自然会被我们正在交谈的人吸引。问题是相机并不在屏幕中间，因此你不会看相机，而相机通常位于计算机显示器的顶部。所以对方看到的是你在向下看，而不是看着她的眼睛，后者只有你在看着镜头时才会发生。几十年来，这种所谓的眼神接触问题一直困扰着视频会议。许多显而易见的解决方案已被尝试过——例如将相机放在屏幕的中心，但到目前为止还没有真正有效的方法。通过化身可以完全解决目光的接触问题。化身是一个 **3D** 模型，可以通过简单的三角学定位在正确的方向上。

但是，相比于视频，更喜欢通过化身进行沟通的最佳理由也许是我们自己的虚荣心。可视电话技术实际上已经存在了半个多世纪，但是直到最近，当互联网将成本降低到几乎为零时，它才被广泛使用。人们可能会认为，看到与之正在交谈的人能够让它在更早的时候成为一种更流行的沟通方式（或者比现在更流行的沟通方式）。但是，我们似乎更喜欢的是随时随地与别人交谈的便利性，而不是为了让自己的形象出现在谈话中所带来的不便。小说家大卫·福斯特·华莱士在他的小说《无尽的玩笑》中巧妙地模仿了这一思想。小说设想了一个未来，在这个未来中，视频电话取代了电话，只是为了让人们意识到同时被看见和被听见是多么有压力。华莱士写道，传统上的电话"允许你假设另一端的人正在全神贯注地关注你，同时也允许你不必密切注意对方……你可以环顾房间、涂鸦、打扮、从角质层上剥下一点点死皮、在手机或平板上创作俳句、在炉子上搅拌东西；你可以和房间里的其他人进行完全独立的使用符号语言和夸张面部表情的谈话。进行上述事情的时候，你似乎一直在密切关注着电话里的声音"。

在华莱士的讽刺世界里，人们开始戴上面具，使得他们在使用可视电话时看起来更具吸引力。由于这些装备变得更加理想化，不同于现实世界的外表，导致了"大量的电话用户突然不愿离开家和别人当面交流。他们害怕他人已经习惯了在电话上看到的那个好看得多的面具人"。[21]

《无尽的玩笑》（英文版）出版于 1996 年，当时互联网还处于起步阶段，并未预料到具有延展性的数字化化身世界的出现。但华莱士对人类自我表现和虚荣的直觉却恰如其分。我们在社交媒体和交友网站上精心设计的屏幕角色中已经看到了这一点。我们也会在化身的世界里见证这点。对原本栩栩如生的化身来说，即使是最细微的调整也会对你的感知产生明显的影响。2016 年我们研究了与微笑有关的内容。关于微笑对社交互动的积极影响，已经有非常成熟的研究成果。我们想知道，如果我们利用数字化呈现的灵活性，在虚拟现实中的对话里增强一个人的笑容，会发生什么？

在研究中，我们追踪并绘制了参与者在虚拟现实中与其他参与者进行实时对话时的面部表情。在对话过程中，我们要么增强参与者化身的微笑，要么如实地予以呈现。语言询问和词汇计数系统（LIWC）的分析显示，与呈现了实际微笑的化身沟通相比，和增强过微笑的化身交流的参与者使用了更加积极的词语来描述他们的交互体验。不仅如此，参与者还报告说，在体验了"增强微笑"的状态后，他们感到比在"正常微笑"状态时更积极，并且有更强烈的社交存在感。更加值得注意的是，不到 1/10 的参与者甚至能够有意识地察觉到对微笑的操控。[22] 化身不仅代表对话者，而且改变了他们。快乐的化身让人更幸福。

这种转变的社会互动有其更微妙、更隐秘的方面，其中一些是我在其他地方写过的。坦率地说：我们更喜欢那些看起来和听起来和我们一样的人，因此我们在实验中修改了化身的外观或声音，使它们更像被突出的人的实际外观。实验发现，相比那些看起来不同的人，用户觉得那些化身更有吸引力和影响力。在由虚拟世界的化身进行传达的信息世界，我们应该期望看到很多这种操作。这是我们在社会交往中所做事情的合理延伸，我们会根据所处的情况来改变我们的衣服、言语、肢体语言以及自我表现的其他方面。在求职面试中，我们的穿着、行为与和朋友在夜店里聚会时大不相同。

我们还需要关注人们在虚拟环境中的行为方式。过去几十年里，早期互联网用户乌托邦式的希望逐渐破灭，他们认为在线社交空间将发展成一个信息丰富的数字市场，在那里思想可以自由交换，智能对话可以流动。

然而，本该用来保护人们的言论和身份的匿名性也导致了强大的网络流氓亚文化，他们以让别人痛苦为乐——有时是因为他们不同意某人所说的话，有时是为了体育。如果马克·扎克伯格和菲利普·罗塞德尔这样的创新者是正确的话，那么公众辩论会转移到虚拟空间，我们只能猜测这些遭遇会发生什么变化。化身的身体不会伤害你，但是他们能够被感知的身体和携带声音的能力确实会比评论文章或者一条推文产生更大的影响。事实上，在一些早期的虚拟环境中，已经存在性骚扰和化身键盘侠的指控。好消息是，通过禁止其进入空间或者被用户屏蔽，可以让某个键盘侠消失。然而，亲身经历过键盘侠激烈尖刻的攻击，我对未来并不完全乐观。

但我抱有一种乐观的希望，即良好的社交虚拟现实可能会起到改善作用。当你通过短信了解一个人时，更容易在对话时分离他的人类身份和他应得的尊重。如果我们开始将网络在线的人们视为人类，并且能够以某种新的方式实现有助于我们和他人联系在一起的同步元素，那么它很可能会改善在线对话，并开辟一个更有成效、更文明的公共空间。

第 八 章

VR增强了新闻的叙事能力

Experience on Demand

水位在上升，风在呼啸，脚底的屋顶在摇晃。你朝四面看去，洪水逐渐涨起。大雨倾泻而下，你看到你的邻居在痛苦地尖叫，像你一样站在房顶上绝望地等待帮助。这时一个可能很不幸因为没有屋顶可以落脚而死掉的人漂了过来。突然你看到直升机，你拼命摆手，而它呼啸而过。雨什么时候才能停？如果没有人来帮忙，你该怎么办？

这个令人悲伤的体验场景，是我和美国全国公共广播电台（NPR）的记者芭芭拉·艾伦共同创作的。2012年她找到我，与我讨论如何使用虚拟现实技术增强新闻的叙事能力。很多年来，沉浸式新闻一直是我们实验室考虑的重点之一，但是我们没有足够的时间和动力，以及新闻记者所应具备的专业能力来创造模拟场景，直到芭芭拉找到了我。我和芭芭拉讨论了几个可能的选项，花了很长时间找到适合项目的场景。芭芭拉提出一个非常棒的选择，即模拟"卡特里娜飓风"过境，以帮助观看者更好地理解风暴带给人的恐惧和苦难。在传统媒体中，人们只能通过远距离拍摄的图片以及文字报道来体会这些。芭芭拉当时参与了飓风的相关报道，做了很多采访的工作，所以她对将相关场景鲜活地还原所需的细节比较熟悉。加上我们在斯坦福的实验室所能提供的、模拟场景所需的虚拟现实跟踪空间，正好跟一个房顶差不多大，这样的体验场景可以最大限度地利用这个场地的优势。紧接着是一个迭代过程：我们认真研究芭芭拉的相关笔记和视频，通过编程将这些场景视觉化，并实现其中的互动元素。完成后我们邀请一些记者来给我们反馈，然后重复上述过程，不断完善。项目发布仪式上，很多知名记者和新闻人前来体验了这个卡特里娜飓风的模拟体验场景，其中包括英国广播公司（BBC）新闻总监詹姆斯·哈丁和《华盛顿邮报》的编辑马蒂·巴伦。

在做卡特里娜飓风项目时，我们并没有想到多年后更多的虚拟现实新闻场景会被制造并传播开来。但是当消费级的虚拟现实技术上市之后，记者、新闻机构和独立制作人立即抓住这个机遇，并以此为平台创作原创新闻内容。《纽约时报》是这些机构当中最自信的，它率先向其订阅用户推出了100万份谷歌纸盒眼镜，并创建了一个高端的虚拟现实专用智能手机应用来配合《时代》杂志创造出的虚拟现实场景。其他包括异视异色（VICE）、《华尔街日报》、美国公共广播电视公司的《前线》节目组以及英国的《卫报》等在内的媒体机构，都尝试在这方面做一些开发。新闻记者一直致力于让观众更近距离地了解、感受和体验新闻事件，在这方面，虚拟现实技术似乎是一个能够提供多媒体体验的理想渠道。同时传统媒体如果想在新闻来源愈加碎片化、泛化的今天重新获得受众的青睐，给受众一个在通过Facebook和浏览器就可以轻松获得信息的今天以一个付费的理由，采用虚拟现实技术就是紧迫而必需的。就这一点而言，在新闻服务中加入虚拟现实的元素，对像《纽约时报》这一类的媒体来说可能是解决困境中的新闻业务财务问题的一种方法。

历史上，新媒体技术一直与新闻共同发展，新闻的定义随着技术的发展而不断变化。报纸在17世纪初出现，早期的报纸是手写的，后来随着印刷术的发展，新闻中开始出现刻板插画和图表。19世纪后期，图片以及基于图片的刻板模像开始出现在报纸中，附在新闻故事旁。这些图片通过丰富的细节呈现世界，以此来传递"真实感"，一种先前受众无法想象的真实感。

　　当然，这些照片在什么意义上是"真的"是值得质疑的。除了任何照片都只能是从一个特定的角度呈现现实外，我们知道，早期的图片新闻记者通常会选择摆拍，因为摄影技术发展早期，拍照是个需要耗费大量财力、时间和精力的过程，因此早期的摄影记者在按下快门之前就希望能最大限度地保证照片的可用性。比如，美国内战战地摄影师马修·布雷迪就被曝在拍摄其著名的战地图片时，重新布局战争现场的士兵尸体，以此获得更好的构图效果。[1]这个小的策略对布雷迪而言无可厚非，因为他认为这样做可以帮助他强化现场的残忍，从而更好地传达战事的恐怖。但是这显然是为当代摄影记者的职业伦理所不容的。今天，新闻摄影记者即便只是使用滤镜调整图片的光线都会遭到谴责。

　　20世纪，广播、新闻短片、电视以及后来出现的互联网都极大丰富了新闻业，丰富了媒体形式，并增强了互动性。每一次技术革新都会引发关于新闻客观性、独立性和真理性的大讨论，这三者自20世纪中叶就一直被认为是理想的新闻业的标准。在这些新技术中，或消极或积极，互联网对新闻业的挑战最大，它赋予了受众更多的选择，同时也挑战了传统新闻机构的权威。此外，随着媒体本身的碎片化和人们对现实的差异化描述越来越多地被呈现和传播，新闻客观性这个概念本身也开始被质疑。

　　一方面，人们越来越倾向于选择性地接触新闻，以此强化自己的观念和想法。坚守专业主义信念的新闻机构数量越来越少，这些机构发布的深度报道，也越来越容易被淹没在那些专门为了吸睛、引发人们愤怒而发布的、充满偏见甚至是虚假的新闻中。另一方面，人们也丧失了对媒体的信任，越发愤世嫉俗，无法辨别专业的新闻作品和宣传品之间的区别，这些都进一步腐蚀着新闻生态。

　　新闻业的境况快速变化，面对像虚拟现实这样的技术，有两个大的担忧让我们必须小心。第一个，它对我们的情感影响非常大，在很多情况下，这并不利于人们做出理性的决定。比如，一个人观看虚拟现实所模拟的暴行，就会感觉自己亲眼看到了这个暴行的发生，这会让他产生相应的愤慨感。这些愤慨会走向何处？利用这些感情、利用人们对自己能认识到威胁的直觉，是暴君、恐怖主义者和政客常用的过时手段。我对虚拟现实技术能成为非常好的宣传工具这一点几乎不持任何怀疑态度。

第二个担忧与第一个相关，即虚拟现实技术是以电子形式呈现的，这使得改变或篡改其内容变得很容易。当然，其他媒体形式也是如此，照片和视频都可以修改，即便是文字描述都可以通过改变叙述、修辞方式以传递特定的意识形态。然而，其他媒体形式也经常被策略性地利用以达到欺骗的目的，这个事实并没有让我们对虚拟现实技术可操纵性的担忧变得更少。相比其他媒体形式，人们在虚拟现实中更倾向于觉得自己看到的是真的，潜在的信息误导和情感操纵的风险因此呈指数级扩大。虚拟现实技术迫使设计者基于技术本身做决定，比如场景中使用者的眼睛应该多高？是其真正的高度还是基于镜头位置的一个标准高度？看电视时，我们都在同一个高度（即镜头的高度）观看新闻事件的发生，虚拟现实中也应如此吗？还有立体图像的问题，合理地呈现立体图像需要技术人员做出很多小的决定。事实上，这非常困难，因为人们对事物立体程度的感知受到瞳距的影响，瞳距不同，人们感受到的立体程度也不同，而这很难通过硬件调整去适应。极端情况下，有些人甚至完全感受不到事物的立体性。这在虚拟现实的呈现和认知中非常关键，且毫无疑问会影响人们对新闻事件的阐释。如果呈现的是假事件，而看完之后的观众却信以为真了，那么要跟他讨论新闻的真假就变得很难。毕竟那也是他们亲眼所见。

在实践虚拟现实新闻的时候，谨守伦理标准的记者会尊重新闻行业的职业准则，这些准则经过多年发展已渐趋成熟，其目的是保证新闻的准确性和客观性。但保守地说，还是会有些从事非虚拟内容生产的生产者会滥用虚拟现实技术，来鼓吹特定的意识形态或是造成特定的轰动效应。刚开始的时候，他们还是从零开始、完全基于计算机合成的虚拟现实模拟经验进行呈现，所有细节都在生产者本人的绝对掌控之下。由于缺乏丰富的细节和图片式的真实感，这些东西还很难说服人们相信其真实性。然而，这些很快都会成为过去。随着光场技术的发展，仅将数码相机和计算机相连，就能以照片中的光线状况为基础，获得制作出像照片一样真实的、有丰富维度的虚拟现实化身，并将其合理地放置在三维空间中所需的所有信息。[2] 可以想象，光场技术成熟之后，基于事实制作和编辑像照片一样真实的虚拟现实视频，可能就像今天封面图片编辑去掉杂志封面人物图片中的赘肉那样轻松。不难想象，届时那些不道德的虚拟现实新闻生产者会根据自己的目的，任意扭曲虚拟现实脚本，这就像苏联领导人将声誉扫地的官僚们从图片上擦除一样，与美国的政治宣传中篡改宣传活动的选民现象图片以制造更多人来到现场的假象别无二致。[3] 事实上，光场技术领域的领导者莱特洛公司在其宣传样片中，对类似的内容篡改和操作持正面态度的做法令人非常担忧。样片中，一位宇航员在月面行走，然后打上灯光，摄影机摇回，然后我们看到一个像斯坦利·库布里克一样的人坐在导演椅上，安排着整个场景。[4] 这让人不禁联想到一个广为流传的阴谋论：登月的影像是美国政府安排导演拍摄的。

诺尼·德·拉·皮娜是使用计算机生成的多维影像制作新闻方面的先驱，她先后制作了一系列沉浸式的虚拟体验，以让观众沉浸式地体验真实世界中发生的事件——比如充满争议的特雷沃恩·马丁枪击案，以及发生在南加州的一起室内杀人悲剧。[5] 德·拉·皮娜之所以喜欢虚拟现实技术，是看中了其即时感和引发人们共情的能力。她的一个原则是尽量让自己的工作围绕事实展开，她的方法是开展非常细致的研究，搜集并分析包括目击证人的陈述、犯罪现场图片、建筑图纸以及录音，几乎没有想象出来的部分。比如在呈现特雷沃恩·马丁的故事时，她没有描绘枪击现场的场景，因为没有可靠的相关描述作为基础。相反，德·拉·皮娜选择在枪声响起时呈现目击者的视角，让观众与目击者一起体验他们听到枪声并拨打911报警的场景。

　　德·拉·皮娜明白，面对上述批评者们的质疑，她必须小心谨慎地处理。我们会面交谈时，她正在为骑士基金会做一个项目，项目旨在定义在虚拟现实新闻制作中，什么是好的做法。但是，她很快地指出最近纪录电影也面临着类似的质疑。她认为，所有的媒体都是人为创造出来的，都会使用一些修辞技巧和技术试图提高受众的参与度。正如她曾经接受采访时说的那样，即使是纪录片，导演也会做一些剪辑的工作来呈现人们工作的场景，或者是这些东西在车上的镜像。其实，纪录片并不如人们想象的那样在展示事件的全貌，但他们却觉得用虚拟现实技术做同样的事情可能更不道德一些，其实不然，它仅仅是另一种方式而已。[6]几年前她在同一个访谈中提到，同样的争论也发生在埃罗尔·莫里斯获得奥斯卡奖的纪录片《细细的蓝线》上，当时，人们对他在影片中针对1976年发生在得克萨斯州谋杀警察案的呈现方式的争论很多，类似的争论达到了顶峰。而今天，同样的呈现方式变得很常见。对皮娜而言，认真仔细地研究和保证场景描绘中的透明公开非常重要，但是虚拟现实技术的优势对新闻叙事而言太重要了，她无法接受因为可能有人会滥用就放弃它。

　　虚拟现实技术的情感力量在《基亚》这个5分钟长的虚拟现实体验中体现得很明显，影片讲述了一个人蜕变成室内杀手而后自杀的几个重要时刻。观看者所持的是一个女人前男友的视角，前男友挟持这个女人为人质，枪口对准女人，而女人的两个姐妹在乞求男人放过她。虽然由于商业级计算机图形技术的限制，画面中的人看起来有点卡通，但是就声音效果而言，毫无疑问眼前看到的就是事实。当眼前的场景恐怖程度达到极限时，人们都屏住呼吸，觉得毛骨悚然。这时候，皮娜决定让观众走出房间，于是此时人们看到警察在与嫌疑人交涉，试图平息事态。这时枪声响起，影片结束。皮娜选择在影片中不直接描述死亡（莫里斯在《细细的蓝线》中也做了类似的处理）体现了对事实的尊重和应有的节制。但随着竞争日益加剧，"夸张 = 吸睛 = 王道"似乎逐渐成为行业准则，我并不看好这样的尊重和节制能成为主流。在虚拟现实新闻制作中如何处理真实世界的暴力，如何呈现暴力和死亡，都是未来虚拟现实新闻标准在建立和实践中需要考量的问题。

　　2016 年斯坦福大学新闻系试图通过一门沉浸式新闻课程研究这一问题。据我所知，斯坦福的这门课是全世界最好的。10 周的课程里，12 名本科生和研究生对《纽约时报》《华尔街日报》、全美广播公司新闻部等媒体中的一系列虚拟现实新闻作品进行评估，评估围绕着两个问题展开：为什么要在叙事的过程中使用虚拟现实技术？它在何种意义上增强了新闻叙事？他们的答案是，虚拟现实技术的作用没有那么大，仅仅在特定的案例中起到了增强新闻叙事效果的作用，目前看来它充其量是传统报道方式的一种补充。大多数虚拟现实新闻故事都采取沉浸式视频的形式，而在新闻报道中获取这种视频非常复杂。这首先是因为制作沉浸式视频时相机是 360 度摄像，如果摄像师不想跟镜头里的其他人混淆，那他在设定好相机后就必须离开摄程范围。这就意味着新闻事件发生的过程中，相机是不受摄影师控制的，他可能都不知道发生了什么。这样就不能拍出最引人入胜的视频素材。如果摄影师和摄像机是以被动的形式进行记录，也就很难讲好故事，毕竟好的叙事需要导演的选择。

　　早期采用虚拟现实技术的记者与 19 世纪最早的一批新闻摄影记者的处境在一定程度上是相似的。由于当时相机本身非常重且脆弱，光设置就需要花很长时间，然后才能进行拍摄，因此确保照片好且可用的最好方式就是摆拍。这也是为什么最早的虚拟现实新闻实验的产品都是摆拍的纪录片，或将被记录人的生活加以戏剧化，或呈现特定活动的静止画面（比如游行示威、守夜祈祷和政治集会）。要实现虚拟现实摄影记者记录突发新闻，获得有效的虚拟现实脚本，可能还需要一段时间。早期的实践者意识到，虚拟现实中故事的好坏，关键是故事本身和故事发生的场景之间的关系。我们见面时，皮娜正计划做一个短片来回应空怒事故频发的状况。她的虚拟现实场景一开始让观众置身在几十年前那种很舒适的机舱环境和座位中，随着时间的推移，她模拟了航空业在过去几十年的发展，让观众在短时间内体会了过去几十年机舱环境逐渐变得拥挤的过程。为什么空怒越来越多？因为我们越来越像罐头中的沙丁鱼一样被塞进机舱，皮娜的虚拟现实场景很好地体现了这个"塞"的概念。另一个好的虚拟现实故事是英国《卫报》的《6x9》，短片的场景是一个四周空旷、有围墙的监室。幽闭恐惧症是一个在虚拟现实中已经被验证的、人们可能觉得自己有但实际上并不存在的东西。

这些短片之所以好，是因为故事发生的周围环境对故事本身很重要，需要受众自己去思考或用身体感受。如果新闻主角的行动本身是事件的中心——比如政治辩论，那就不需要这种全向度的影像。如果新闻的情境只需要单维度的观察，那做虚拟现实呈现就没有意义了。

这些早期的实验还提出一个急迫的问题，即如果媒体机构采用虚拟现实技术，受众会买账吗？虚拟现实技术能被广泛接受吗？还是会像3D电视一样不了了之？两者面临一些共同的问题：昂贵、古怪，要用全框架的眼镜因而使用起来不舒服。但是在虚拟现实领域的投资和发展已如此之多，给人感觉好像是太多了以至不可能出问题。虚拟现实技术与3D电视的不同在哪里？3D电视产业的投资从来都没有一个清晰的原因，即没有撒手锏式的用户体验，内容生产者们从未获得市场关键多数的支持。而虚拟现实技术发展至今，已经具备了一个高质量内容的基础：当你观看虚拟现实内容然后发出"哇"的赞叹声时，你就会迫不及待地想看下一个。

伦理问题和实用目的是新闻业采用虚拟现实技术的两个重要考量。而审美问题，比如如何利用虚拟现实技术讲故事、什么样的技术能给观看者带来最强的情感体验，在新闻业中则不太可能得到很多发展。就像纪录片很多时候采用平铺直叙的叙事策略一样，非虚构的叙事通常都聚焦在传递信息上。虽然影响受众的情绪可能是记者的目的之一，但是这通常不是他们工作的重点。事实上，新闻业的客观性原则是反对过多的情感卷入。

但是对于那些不受新闻业标准限制的、其目的本身就是触发受众情感反应的叙事类型而言，这个问题该如何回答？在好莱坞和硅谷，一个致力于用虚拟现实技术讲述虚构故事的产业正在崛起。在技术公司的帮助下，好莱坞的导演和游戏公司的内容开发者已经在探索重新定义利用虚拟现实语言进行良好叙事的语法和规则。

1979年从家乡俄亥俄州托莱多小镇飞到圣克鲁斯时，布雷特·伦纳德还是个年轻的电影从业者。当时，虚拟现实第一波热潮正在兴起。在那里，他遇到了未来的硅谷巨星斯蒂夫·沃兹尼亚克、史蒂夫·乔布斯和杰伦·拉尼尔等人。杰伦在技术方面的嗅觉最敏锐，视野最开阔，对技术于商业和文化的影响的思考非常有洞察力。此外，直到现在，他也一直是虚拟现实领域中非常重要的公众人物。"虚拟现实"这个术语就是他创造继而流行起来的。在去圣克鲁斯时，伦纳德对技术和科幻小说非常着迷，对他而言，圣克鲁斯可以说是世界上最有趣的地方，那里聚集着一群对未来已经产生巨大影响的人。正是在这样的乐观和令人兴奋的氛围下，他到杰伦的公司开始做早期的虚拟现实样片甄选，与杰伦讨论将作为一种媒体类型的虚拟现实技术创造性地应用在艺术表现领域的可能性。

他执导的第一部故事片《割草者》现在已经成为虚拟现实技术迷眼中的经典之作,影片本身可以看作虚拟现实技术的艺术宣言。电影名义上基于斯蒂芬·金的同名短篇小说改编,实际上伦纳德也参与了编剧。电影讲述了一位科学家在试图通过虚拟现实技术帮助一位精神残疾患者的过程中,不小心把他变成了一个邪恶的暴力天才的故事。伦纳德概括说,故事的核心是基于玛丽·雪莱笔下的《科学怪人》,加上一些丹尼尔·凯斯的《献给阿尔杰农的花》和《迷离档案》中《六根手指》的情节。虚拟现实领域的主要争议都在影片中得到了体现,包括对行为修正、上瘾和对现实世界社会关系的影响的担忧。但是影片也告诉我们,如果使用得当,虚拟现实技术在训练认知技巧、鼓励创新方面可以发挥很多积极作用。电影提醒我们:虚拟现实技术可能是历史对人性解放做出的贡献最大的技术,也可能是史上最强大的精神控制工具。到今天,他依然坚持这个 25 年前的想法。

当了很多年电影电视剧导演之后,伦纳德回归虚拟现实领域,与很多来自其他领域的内容创作者合作成立了"时空悍将工作室"。2016 年下半年,他到我的实验室参观,了解我们的研究,我因此有机会与他讨论关于虚拟现实叙事的未来发展趋势。他在这一领域已经有多年的思考,颇有建树。像很多思考这一问题的人一样,他试图从电影史出发思考这一问题。电影史给他的一个很明显的启发是,要充分利用一个综合的艺术形式,穷尽其可能性,需要好几代的艺术家花很长时间才能完成。这个过程受到商业和技术的影响,同样需要思维和概念上的突破。

套用马歇尔·麦克卢汉最重要的发现,他认为:人们使用新媒体的时候都会经历一段难以跳脱旧媒体思维的时期。这一点在好莱坞历史上也有所体现。很多早期的好莱坞工作人员出身舞台。也因此,早期的导演基本上就是在舞台前面的拱形框架上架设一台摄像机,录制整个舞台秀，几乎不做剪辑。早期的表演者也是如此，他们还没有适应电影的节奏，总是做出幅度很大的动作，好像是竭力要让坐在剧院后排的人也能看到，而不是让距离他们 5 英尺的摄像机捕捉到他们的表演画面。

电影发展早期，导演和演员很快就探索出了新的方式来拍电影，导演们开始在拍摄的过程中喊停，并且会在拍摄完毕后对影像进行处理，这样的叙事方式在当时很奇怪、很超现实。20 世纪 20 年代之后，摄像机更加灵活便捷，喊停变得更普遍，机位和镜头角度更加多元，这些技巧在巴斯特·基顿和查理·卓别林的打闹喜剧中都有所体现，在戏剧化的电影中也有所应用。早期德国印象派恐怖电影《诺斯费拉图》就用了灯光和剪辑技巧来强调电影的视觉特性。当然，这些都发生在无声电影时代。20 世纪 20 年代后期声音进入电影，电影转向叙事，影片更加注重故事展开，内容也随之发生变化。[7]上述简短的电影史告诉我们，特定的艺术形式的演化过程不是依逻辑而定的线性发展。相反，这个过程非常复杂，受技术条件的变化、艺术家的意图以及消费者的购买意愿等因素影响。

市场的影响再怎么强调也不为过，它是未来虚拟现实技术发展过程中一个非常重要的因素。可能会有很多人，依据人们想要的东西，做很多实验，催生很多变化。伦纳德认为，最早的商业电影是自动投币式点唱机，这些机器架设在热闹的诸如海滨小道的公共场合，人们投个币就可以看很短的无声电影。只消一些零钱和几分钟时间，人们就可以体验这一新技术的迷人之处，观看到先前需要买票去电影院的影片。后来，人们发明了单盘影片，每片大概 10~12 分钟时长。更长的电影直到大卫·格里菲斯 1915 年的电影《一个国家的诞生》之后才流行开来。伦纳德告诉我，当时人们认为格里菲斯是个怪人，认为没有人会愿意坐在那里 20 分钟一动不动地看一部电影。今天人们对虚拟现实技术有很多担忧，这些在电影时代都发生过。我会心一笑——我们实验室有一个 20

分钟规则，即任何人使用虚拟现实技术一次不可以超过 20 分钟。

在思考未来 50~100 年，通过虚拟现实技术进行叙事会发展到什么程度这个问题时，一个很重要的历史经验是，我们今天称为"电影"的东西，自其诞生以来就一直在不停地发生变化，受到市场力量、艺术家的个体思考以及各种工作室不断投资的影响，这些因素共同创造了新的、更令电影爱好者感到兴奋的体验。声音、色彩、稳定的摄像机、环绕声、三维、巨幕电影技术（IMAX）、宽银幕立体电影技术、数码录制，电影人正是因为有了这些技术的不断出现、发展、变化和革新，才得以以多样的表达手法创造出丰富多彩的故事。

今天我们对虚拟现实技术的探索到了什么程度？即便是最乐观的虚拟现实内容生产者都承认，如果以电影史为参照系，我们的探索程度更接近于 19 世纪的卢米埃尔兄弟，尚未达到奥逊·威尔斯的《公民凯恩》的程度。伦纳德表示，早期虚拟现实的产品，如谷歌纸盒眼镜，虽然在获取潜在用户方面有一些成绩，但是它归根到底是比较初级的虚拟现实应用，很难让人们感到兴奋。"虚拟现实技术才刚刚开始，还要经历一个研发和生产的过程。我们正在经历这个过程。我认为，目前最重要的事情是创造市场。"

对伦纳德而言，这意味着需要投入大量的资本和人才。他讲了米高梅公司（MGM）制作发行《绿野仙踪》的过程，该影片是现在国内外电影市场上主流的特效奇观电影的先驱。米高梅说，"我们将制造这些大型起重机，这些推车，以及所有这些令人难以置信的工具。我们将会创造一个训练熟练工人为工匠的流程。他们提出了奇观电影的概念，这一点在今天的商业世界仍占据主导地位。这很重要，也不容易做到。他们必须将很多行业分工结合起来"。问题来了，谁会是虚拟现实娱乐业的米高梅呢？

可能一个新冒险、有改变人们习惯潜力的好莱坞电影是詹姆斯·卡梅隆的科幻史诗巨作《阿凡达》，这部电影探索了数码效果和三维影视制作的可能性，改变了电影制作的方式。罗伯特·斯特罗姆伯格是《阿凡达》视觉特效组的负责人。在 2006 年该电影制作的过程中，他第一次尝试虚拟现实技术，但他并没有使用头戴式设备。他告诉我："我们在做一件独特的事情，我们在 CG world（计算机技术进行视觉设计和生产的领域）中创造 360 度的世界，然后用虚拟的相机模拟拍摄这些虚拟的世界。人们从来没尝试过要这样拍电影。我在剧组待了四年半。这个工作让我大开眼界，让我学会了如何将自己置身其中。"

斯特罗姆伯格陆续参与制作了《爱丽丝梦游奇境》《魔境仙踪》和《圆梦巨人》等电影，随后执导了自己的第一部电影《沉睡魔咒》。即便在好莱坞的事业蒸蒸日上，他也很关注虚拟现实技术的发展。

2014 年 7 月，他读到关于 Facebook 要收购 Oculus 的消息。"我当即决定给他们打个电话，希望可以参观他们的公司。让我惊讶的是，他们竟然同意了。那时候 Oculus 还是位于加州厄本的一家小公司。整个房间摆满了各种技术品，不是特别让人印象深刻。"那天，他观看了两个样带，其中一个场景中是各种各样大小不一的机器人，这个场景让他明白，通过移动自己的头部、四面观察物体是可以营造出一种"在场"的感觉的。

第二个场景是一个逐渐变大的小房间，而后房间的墙逐渐消失，他感觉自己好像飘浮在这个不断变化的金属房间里。斯特罗姆伯格说："这是真正吸引到我的点。我一生都在创造这些世界，而那是我第一次觉得自己真的可以走进这些世界。"那天，他找了一些朋友，共同创办了虚拟现实公司。他意识到，消费级虚拟现实指日可待，但还没有人开始内容开发。

斯特罗姆伯格的第一个项目叫《那里》，时长 4 分钟，影片中不受现实世界定律约束的真空里飘浮着很多岛屿，如梦幻之境。他还设置了一个年轻的女孩作为向导，带领观众"游览"这个超现实的场景。他来到斯蒂芬·斯皮尔伯格位于长岛的家中，请他帮忙看一下并给一些反馈。斯皮尔伯格很惊讶，他让他的孙子和妻子、女演员凯特·卡普肖一起观看影片。斯特罗姆伯格说："她看后真的哭了。"斯皮尔伯格随后担任了该公司的顾问，在他的鼓励下，斯特罗姆伯格更加坚定地认为虚拟现实技术确实是很多讲故事的人在寻找的那个充满魔力、可以用来传递情感的媒体形式，"我确定它前景光明"。

后来的几年里，斯特罗姆伯格和他公司的同事一直在做各种实验，试图突破技术和理念层面的障碍，以更好地开发虚拟现实技术在讲故事方面的潜能。对传统电影人而言，可能最大的难点在于调和艺术理念所带来的影片文本的专制性，和虚拟现实技术中的互动元素两者之间的矛盾，对后者而言，观众本身是情境创作的一部分。在虚拟现实中，人们的注意力没有边界，可以说是处于一种无政府的状态。电影恰好相反，在特定的时刻，观众只能看到镜头所及世界的一小部分，而无法转头四处张望，看镜头后发生了什么，也无法望向天空。想象一下经典电影中角色的脸部特写，那个时间点如果你想转头看看那个角色眼前看到的是什么，根本就做不到。导演在特定时刻选择特定的画面进行呈现有自己的道理，这样的选择对整个影片叙事而言是很重要的。如果你四处张望，就会错过主角眼神传达的意味，而在电影中，正是这些微妙的东西成就了镜头。

在这个意义上，虚拟现实技术天然是民主的。你在任何时候想看任何地方都可以做到。电影中，导演是权威，控制场景，强迫你看他希望你看到的场景，时间也由他来决定。电影因为导演们擅长做这些事情而持续地存在发展着。

讲故事中一对最基本的概念是"伏笔和关键钥匙"。在特定场景中，作者或导演埋下后面将会发生转折的伏笔。也许是简单的一瞥，也许是桌上的一个钱包，也许是一段对话，也许只是演员的想象，通常都是不经意的细节。以经典电影《肖申克的救赎》为例，其伏笔是一把看似不经意的尖嘴石镐，和一张丽塔·海华斯的海报，两者在影片中反复出现，但只占据镜头很小的一部分，而"关键钥匙"——男主用尖嘴石镐挖出了逃生通道，并用海报挡住它——是整个影片的高潮。导演必须让这两个伏笔明显到让观众能记住，但也不能太明显以至观众一看就能猜到后来的剧情发展。这一点在虚拟现实中无法做到，如果是很细小的伏笔，人们会很容易忽视它。人们可能不会看尖嘴石镐，反而会看远处的另外一间监室，或是天花板，感叹灯光效果是如此逼真。虚拟现实技术总体来说很有趣，但人们的注意力会被分散。

　　虚拟现实技术的优势在于帮助人们探索，而叙事本身则要做到张弛有度。在虚拟现实领域，人们发展了两种应对这一矛盾的策略。一个是将所有人的所有行为集中在同一场景中展示，《纽约时报》等新闻机构的360度全景虚拟现实应用就采用了这一策略。影片设置旁白，或告诉观众该看哪里，或提供一个与场景相关的描述。这种情况下，虽然有时候人们也会四处张望，但主要还是直视前方。问题来了，如果是这样，那为什么还要用虚拟现实技术做呢？如果只是朝一个方向看，那为什么不去看电视？事实上，要判断一段虚拟现实视频是否采用了这一策略，最好的办法是去看观众的反应。如果他们全程都在直视，那么很可能他看到的内容与传统电影并无二致，都是聚焦于同一个空间维度。

　　第二种策略充分利用了虚拟现实技术可以捕获360度全景的潜力，关键伏笔无处不在。如果场景如房间一般大小，人们则可以在房间里踱步，四处张望，他们可以充分体会虚拟现实的特殊之处。但大多数时候，人们倾向于深度参与到场景中，以至听不到导演的叙述。

　　在平衡探索和讲故事两者方面，虚拟现实电影制作者也采用了各种不同的技术。这方面的很多先驱都曾在强调互动性和探索的电子游戏界工作，或是来自电影圈。他们的一个策略是以声音、动作和灯光为线索，将观众的目光吸引到导演想要观众看的地方。在一个非娱乐的应用中，比如培训视频，可能会用箭头来达到同样的目的，但是如果一个视频的目的是让观看者相信其中的叙事，这种情况下显然是不能用的。

最常用的策略是将声音做空间化的处理，即通过定向传递不同的声音到观众的耳朵中，来达到好像声音来自不同物理空间的感觉。大多数人在有环绕音设计的电影院都有过类似的经历。这不像箭头那么明显，所以效果没那么好。但如果声音与影片的叙事配合良好，相比不停跳动的箭头，这至少可以更少地干扰画面。

另一个可能的解决方案是暂停，即如果观众的视野没有在对的位置，画面就暂停，只有观众的视线回到预设的地方时，关键剧情才继续下去。当观众在寻找时才会出现"伏笔"，剧情并由此展开，这样后面的"关键钥匙"才显得合理。以《肖申克的救赎》为例，只有当你直视尖嘴石镐，影片确认你注意到它的时候才会继续。这样一来，影片的时长就变得不固定。对一些人来说是 90 分钟，对那些花更长时间发现这些线索的人可能是 180 分钟。

还有一个问题是叙事。虚拟现实的叙事方式通常包含更多的元素。问题在于，人们并不想听冗长的旁白。虚拟现实提供了丰富的感官和认知体验元素，而在很多媒体中，讲故事需要有人说话，在虚拟现实中情况更糟糕，它通常以独白的形式出现。观众通常被迫选择到底是忽略自己周围的变化而集中注意力听旁白，还是忽略旁白而专注周围极佳的视觉效果。我们在斯坦福的实验室曾经面临过这个问题：在前面提到的应对海洋酸化的教学虚拟现实经验项目中，我们设计了连续的旁白，同时也勾勒了许多非常精美的视觉呈现和动作。人们选择用眼睛看五颜六色的鱼，惊叹于它们周围的珊瑚，展现出了很高的"在场度"。不幸的是，这意味着在第一版中，我们试图通过声音传播的科学部分的内容完全没有被体验者接收到。体验本身是一种冲击，而叙事的传播和被接受则是另一个问题。在后面的版本中，我们很小心地调和两者的关系，以便体验者能兼顾两者。

到现在为止，我已经大概描绘了虚拟现实叙事这一领域的轮廓。虚拟现实可以为每个人提供有机的、以用户为中心的独特体验，并在这方面大有可为。电影和散文能很好地讲故事。看电影或读散文的过程中，作为受众，你的注意力被导演或作家不间断地吸引。这些传统的方式如何才能被整合，这些整合将对我们传统讲故事的理念和实践产生什么样的冲突，这个问题还有待观察。

"规则正在形成，"斯特罗姆伯格告诉我，"我不想拿虚拟现实与电影或舞台剧比较。我认为它是很多东西的结合。传统的编辑和表述方式都已经过时。"他再次提到在 Oculus 办公室时给他带来的震撼。他在看一个虚拟现实场景的时候说："你感觉你好像就站在那里。"虚拟现实中的视角转换并不是一个需要移动脚步来更换场景的过程。相反，虚拟现实中，你感觉到的是你自己的身体在随着剧情的发展而发生变化，就好像你是剧中角色一般。比如，传统电影中镜头转换到特写的时候，你不会感觉你是演员，而在虚拟现实中你会。"作为导演你必须对影片中的空间关系更敏感。这是另一种讲故事的方式。"

对虚拟现实叙事而言，更为根本的问题可能是人们希望如何观看这些故事。他们希望故事的叙事本身像幽灵一样在屏幕中穿梭而自己则置身事外，还是希望自己成为故事中的一个角色并参与故事情节的发展？目前来看，大部分虚拟现实电影的创意人才都来自好莱坞和电子游戏圈，好莱坞人擅长前一种叙事方式，后者则擅长第二种。来自互动叙事的参与，以及探索、深入参与和重复使用的承诺都是这个新兴的叙事方式的强项。但大多数典型的游戏叙事都缺少真实的情感和精巧的叙事结构。

举个例子，那些采用传统叙事方式并且能在叙事上做得好的作品都是经过精心设计的，由作家或导演来引导阅读或观看的。而游戏的叙事方式允许玩家四处探索，在高潮与高潮之间有的放矢，但是却不可避免地冗长，叙事上很不精简。未来，两种叙事方式也许都有发展空间，但对伦纳德而言，在沉浸式娱乐领域，大型社交共享叙事的方式是让他兴奋的方向。

伦纳德所设想的虚拟现实叙事是什么样的？像很多该领域的从业者一样，他承认他也不知道。但他确定这肯定跟电影的方式有很大的差别。就好莱坞近几年频出的大作来看，电影产业已经黔驴技穷了。"这也是我致力于虚拟现实方向的原因之一，我认为它提供了一个能真正帮助人类最大限度探索想象力边界的机会。"你不再一定要走进电影院，然后只是观看什么超级英雄，你可以成为它，然后开始你的探索。

伦纳德认为，虚拟现实技术将在游戏的叙事方式和线性叙事之间打开一片新天地。电影叙事中包括情节、角色和情感，它是线性的。情节和故事严格遵循一定的结构，以此吸引观众。这是电影剧本的重点。但他认为虚拟现实叙事会以情感和角色为主线，然后故事随之展开。他觉得这不是讲故事，而是创造故事。

"一旦你有了这个想法，开始从零建起一个新世界，就意味着你开始发掘虚拟现实叙事的潜力。这一叙事必须与当前的情境相契合，这样才会和参与者体验的过程更加有机地结合在一起。"伦纳德想象着未来的、线索非常丰富的叙事方式：在这样的叙事中，故事结构将通过他称为"叙事节点"的东西进行连接。这个节点的作用方式类似于电子游戏中你必须走到地图上的某个位置才能玩下去。配合出色的人工智能，叙事和故事会在人物的互动中不断生成发展。

在伦纳德构想的故事世界中，故事里的人物是一群朋友，他们在剧情中分别扮演不同的角色。这可能是一个围绕豪华赌场中百家乐赌桌展开的间谍叙事。有的人扮演服务生，有的人扮演间谍，还有人扮演赌场管理人。当每个人都就位时，故事就开始了。也许詹姆斯·邦德的死对头是人工智能扮演的，他走到桌边并下了一个大赌注，故事随之展开，每个角色都会从他们自己不同的最佳位置目睹事件，并按照自己认为合适的方式行事。也许你是一个酒店的游客，发现自己被卷入这个间谍的逃生计划。你被他吸引，他把你带到一间密室。现在你被坏人追赶。对于你的角色来说，这样一个场景可能是更长故事线中的一个支线任务。

"我觉得线性叙事就是一条晾衣绳，上面挂了许多衣服。你可以把它们拿下来也可以放上去。可以穿上也可以脱下。"偏离了剧情主线后你尽可以离开这场冒险瞬间回到主线。伦纳德认为这是叙事的一个重要组成部分，且这些分支情节都是限定在某一角色身上的，如此，故事作者所设计的世界能够提供各种娱乐的可能性。

当然，虚拟现实娱乐并不只有这个，就好像影视娱乐既有MV、纪录片、故事片，也有动画短片、3D IMAX，以及介于两者之间的很多类型。我们有充足的理由相信，无论是在家还是在游戏厅，虚拟现实技术都将提供形式极其多样的娱乐选择。犹他州已经建立起一个这样的虚拟现实娱乐空间，叫作"真空"。现实世界的房间里配备了一系列能与虚拟现实游戏世界互动的触感装置，因此人们在现实空间行走的同时也能体验社交性的虚拟现实情境，包括探索古墓、跟科幻小说里的外星人打仗，甚至是扮演驱魔人跟超自然敌人打斗。

有趣的是，虚拟现实技术刚出现时，很多人都不认为它可以用来叙事。在我的上一本书《虚拟现实——从阿凡达到永生》中，有一章讲虚拟现实的应用，我竟然完全没有提到这点。我无法代表我备受尊敬的合作者吉姆·布拉斯科维奇发言，但我从未想过要写一个关于虚拟现实在电影或新闻应用上的章节。回想几十年前那些虚拟现实领域的先驱们，杰伦·拉尼尔、伊凡·苏泽兰特、汤姆·弗内斯等人没有一个讨论过虚拟现实叙事，至少这不是他们的重心。可能是因为我们之前提到的一些限制，使这看起来并不现实。但是电影和新闻业者似乎下了很重的赌注，认定这一媒介是他们的未来，尽管对这一点我很怀疑。

　　就算解决了叙事的问题，看和做之间仍然存在一个断层。我喜欢在电视上看僵尸，有一种邪恶的快感。乔治·罗梅罗的所有电影，包括《行尸走肉》，但凡你能列举的我都看过。但我不会想在虚拟现实中杀死僵尸，也不愿它腐烂的牙齿咬下我手臂上的血肉。想象一下第一人称下的视角，那种触觉效果，甚至是虚拟的气味就够了。我曾经间接地看过一些关于僵尸的初级虚拟现实演示，但我还没有戴上设备亲自体验过。在这方面，电影似乎有一种恰到好处的代入感。电影能够吸引观众，且一部好电影从定义上来说，就是能够让观众与主角产生联系并进入角色的视角。但这只是心理层面的，并非认知层面的。

　　即便如此，有时候电影也会带来梦魇。《惊魂记》会让人们沐浴时感到警觉，《大白鲨》也可能引起人们对鲨鱼和大海的恐惧，但是看和做差别非常大。本书的每一章都在论证大脑会把在虚拟现实中的体验当成现实来处理。回想一些你最喜爱的电影，想象当中的情节真实地发生在你的身上。那么昆汀·塔伦蒂诺可能很快就要失业了。

第 九 章

反向实景教学

Experience on Demand

20 世纪 70 年代，在我的孩童时代，当时市面上并没有太多专门针对儿童的电视节目，即使有，内容也不丰富。事实上，当时我们家的"银屏节目"更多由橄榄球赛、《一家子》《巴尼·米勒》等节目组成，当然还有偶尔去影院观影。但这之中也有唯一的例外，它深深吸引了当时仅有 3 岁的我，那就是《芝麻街》。我很喜欢《芝麻街》中的人物及其城市背景设置，尽管我家距离纽约市并不算远，但剧中所描绘的城市街道仍像来自外星一样吸引着我。在观剧的兴奋之外，我甚至没有意识到这部剧其实正在教授我关于生活的一切。

　　我也丝毫没有发觉自己其实正在参与一个庞大的社会实验，因为当时使用电视作为一种娱乐和教育工具的理念还很新颖，同时也充满争议。其思想根源是 20 世纪中叶社会对儿童心理与发展的普遍关注，但这些新鲜理念直到 60 年代《芝麻街》第一次播放时才真正得以延续发展。正如我所说，当时几乎没有针对儿童的电视节目，因为儿童并不是市场争夺的消费者，而且我们的父辈，普遍无动于衷于孩子们对于新玩具的渴望。（这也可以理解，因为他们的父母是从大萧条时期成长起来的。）无论怎样，当时的电视节目还是以肥皂剧、情景喜剧、西部电影和体育直播等大众熟知的题材形式为主。作为一个由广告驱动、并面向大众消费的媒介，电视并不被认为拥有特别丰富的内容，因此被头脑清醒的批评家们嘲弄地中伤为"笨电视"或者"蠢盒子"。但是在20世纪60年代，电视制片先驱琼·库尼观察到了在大众传媒引人入胜的特性背后，正是一个可以教授儿童们掌握在校习得技能的可能性。1968年，库尼创立了"儿童电视工作坊"，2000年起改名为"芝麻工作坊"，并与一群儿童发展心理学家一起，钻研媒体对吸引儿童的注意力并向其传授知识的效率。[1]

刘易斯·伯恩斯坦是当中最早的研究者，1970年他在以色列希伯来大学攻读心理学硕士时，第一次在电视上看到《芝麻街》。伯恩斯坦对在以色列学习的理论课程逐渐失去兴趣，并决心将其研究工作致力于帮助贫困儿童挖掘他们的最大潜力。当他观看《芝麻街》时，他不仅被剧中教授儿童认知技能的巨大努力吸引，更因为该剧在传授有关社会、道德与情感等课程方面做出的贡献。[2]在《芝麻街》中，不同颜色的"怪物"大多和谐共处，而剧中与怪兽们互动的人类角色则代表了整个美国生命谱系中的个体——富裕或者贫穷、来自城市或者乡村的各色人种的成人与儿童。伯恩斯坦对我说："他们创造了一个人们能够得到支持与滋养的社区，同时在这里可以收获学习的乐趣。"伯恩斯坦在完成他的研究后，返回了纽约市的家，并且尝试在"儿童电视工作坊"寻找一份实习工作。虽然当时工作坊并没有空缺的实习职位，但在伯恩斯坦接受了工作坊首席研究员爱德华·帕默的面试后，他很快得到了工作坊的全职工作。因为帕默了解到伯恩斯坦在以色列接受的严谨教育，这意味着他已经阅读过有关"儿童发展"这一学科领域所有公开发表的学术文章。此后，伯恩斯坦在"儿童电视工作坊"以研究员、执行制片人等不同身份工作超过40年。

虽然《芝麻街》的设计初衷是吸引所有孩子，但对于该剧创作者而言仍然有一个特别的目标，那就是运用任何合适的新式媒介，为那些来自城市平民区与低收入家庭的贫困孩子提供更加丰富的受教机会。2013年，伯恩斯坦是负责教育、研究与业务拓展的副总，我也有幸与伯恩斯坦一起，共同致力于开发《芝麻街》的虚拟现实平台。我们合作进行了一系列关于儿童使用虚拟现实的实验测试，在此期间我也听闻了许多关于《芝麻街》历史的有趣故事。2014年的一次午饭，当我和伯恩斯坦正商议计划一项研究工作时，我激动地向其诉说着我观看《芝麻街》的美好回忆与剧中我最喜欢的桥段。

大多数孩子都对《芝麻街》中如"大鸟"、"葛罗弗"和"奥斯卡"等充满魅力的怪物十分迷恋。（我们小时候还没有艾蒙这个角色。）当我观看《芝麻街》时，我十分喜欢它给我带来的那些实景教学，我可以跟随其他孩子一起去到那些我家乡没有的地方：博物馆、科学馆、农场、工厂与舞蹈教室。虽然这部喜剧动画深受孩子们喜爱，但伯恩斯坦认为，作为《芝麻街》中十分重要的教育理念之一的"实景教学"却常常被孩子们忽略，只因这些内容太过于真实，而不够梦幻奇妙。但是，"儿童电视工作坊"的创作本意是培养孩子们对于这个世界庞大性和多样性的认知意识，而并不只是简单地教授孩子们数字或是字母。对于一个来自乡村的孩子来说，这可能意味着他们可以去欣赏纽约市的摩天大楼，或是看着城里孩子在布鲁克林的街道上玩棍球。而对于城里的孩子来说，这可能意味着他们可以看看乡村的奶牛场或是参观博览会。在这些桥段里，没有紧张的节奏，故事能够被舒缓地展开，细节能在镜头下得到探索。特别是对于那些来自低收入家庭的孩子来说，他们并不能常常外出旅行，但《芝麻街》中引人入胜的情景能为他们这些观众创造更多想象空间。《芝麻街》不仅扩展了所有观众的共情想象力，更拓宽了他们对不同社会背景下生活方式多样化的理解。

现在电视荧幕上有很多一周7天，每天24小时都播放卡通剧集的频道，更不用提付费点播的流媒体服务，和那些指尖一按就跃然屏上的无尽的儿童电影。这些影视剧集与我那个时代的儿童节目相比大多制作精良，但是仍有部分影片贸然激进，令人担忧。在当前的媒体市场中，一种全然不同的内容基调正在盛行，与许多传统的传媒机构一样，《芝麻街》正艰难地谋求市场竞争，而在其工作室中，最主要的对话就是如何让这部剧集更具竞争力。然而令人遗憾的是，最终的结果却是减少"实景教学"内容。孩子们喜爱卡通节目，但就算在剧中加入像艾蒙这样惹人喜爱的人物，孩子们对剧中去科学馆、工厂的情节仍不太感冒。没有什么能比卡通在儿童心目中更流行了。这一趋势是伯恩斯坦在40多年的职业生涯中总结得出的，他不得不眼睁睁地看着《芝麻街》逐渐走向衰落，但他还是恳请制作团队能够保留剧中的"实景教学"环节。对于孩子们，特别是那些没有太多外出旅行机会的孩子来说，通过实景影像与其他孩子一起去到那些特别的地方，能为他们在校学习、准备将来起到至关重要的作用。

实景教学对于通过虚拟现实学习来说是一个绝好的象征。在实景教学中，你能从物理上真正置身于很多特别的地方。举个例子，对于从小在纽约州北方长大的孩子，我们常常会去皮亚诺山散步，并有一位博物学者为大家指出沿途的树木、鸟兽和蝾螈——这的确是一个有教育意义的瞬间，因为我们走出了教室。

当然，你并不需要每天都进行"实景教学"，毕竟他们被设计出来是为了增强课堂教学，而不是取代。同理，虚拟现实技术也应该一样。我的同事丹·施瓦茨曾是一位认知心理学家，后来担任斯坦福大学教育学院院长，他经常说，虽然实践对于学习事物很重要，但"讲故事"的教育方法仍然很管用。[3]对于大多数大学生来说，他们的教育经历更多还是听取老师们的讲授。对于教育学者来说，促进体验式学习是一种默认的惯例，但事实是，我们从简单的倾听中就可以获取知识。

正如前文章节中我们了解的社会化虚拟现实那样，我们仍需克服许多障碍，才能运用虚拟现实技术有效地模拟课堂教学带来的优势，而我认为该技术仍需多年的发展。但是，虚拟现实技术让人们沉浸于另一个他们无法到达的环境，并在此过程中向人们传授知识，拓宽其对于世界丰富性与多样性的认知，这是一种十分有用的工具。而现在，虚拟现实的实地教学已成为现实，并能随时得到应用与推广。

哈佛大学教授克里斯·德迪，在创造虚拟现实学习场景领域是一位具有开创性的研究者，他在过去的15年中一直致力于此项事业。2009年，德迪在《科学》杂志上发表了一篇具有里程碑意义的文章，他在文章中概述了虚拟现实的沉浸式实地教学所具备的重要优势。[4] 德迪的虚拟现实实地教学拥有现实实地教学的所有优点——能为了达到教学目的而随意变换授课环境，同时虚拟现实技术还能创造那些人类无法到达的空间。想象一下，你在参观一座古代废墟的同时，还能通过虚拟现实技术的模拟修复看到其曾经的荣光。又或者，根据不同的教学需求，通过虚拟现实技术随意切换物理规则，从不同视角感受历史的重要时刻。

经过多年研究，德迪团队中的学者们向人们展示了虚拟现实对于学习的帮助作用。德迪的"河城计划"，是一个"多用户虚拟环境"，该系统能够创造一个可供用户进行互动模拟的19世纪小镇。中年级的学生能够运用其现代知识和技能来解决虚拟居民面临的医疗难题。通过此项计划，德迪向人们展示了相比于传统的教室环境，学生们面临那些突发疾病等医学难题时，能更加有效地了解流行病的学术原理与预防方法。更加重要的是，沉浸式体验能激发学生们投入更多精力进行学习，并且更加关注现实情况。对于那些在课堂上有学习障碍和困难的学生，以及那些从不敢想象他们将会从事科学研究的学生来说，德迪在学校中开展的虚拟现实教学将非常有效。通过在这一虚拟世界中扮演科学家的角色，学生们能够树立起他们从事科学事业的信心。

德迪与他的同事们在接受采访时说："成千上万来自美国与加拿大

的师生使用过'河城计划'。我们通过对'河城'的研究发现，多用户虚拟环境通过使学生们沉浸于虚拟世界的方式增加了其学习参与度。'河城'能够激励学生学习，尤其是对那些学习参与度低，学术表现较差的学生格外有效。对照试验表明，使用'河城'的学生在科学内容的学习上是能够有所收获的，并且能够培养出熟练的探究能力，学习科学知识的主动性，以及学习中的自我效能。"[5]

我与德迪曾一同参与过几个项目。在我们的合作中有一件事逐渐变得清晰起来，那就是究竟需要投入多少时间、金钱和努力来构建他的虚拟现实实景教学——经过德迪团队中工程师、程序设计师、3D 艺术家、教育专家、分镜师和演员们多年汗与泪的付出。创造一个如此吸引人，互动性高，还具备最重要的真实性的实景教学工具需要的可不是简单的努力——更不用说还获得了多数老师的一致认可。当前大多数的虚拟现实设计者创作的内容顶多只能吸引用户几分钟，就算是这样也不便宜。比如像《纽约时报》这样的新闻机构制作的 360 度影片要比一套普通的视频贵出成百上千美元，而且还不具有互动性。而德迪的两个雄心勃勃的计划，"河城"与"多用户虚拟环境"能让学习者参与其中长达数小时，甚至是数天。我从事虚拟现实行业已有 20 多年，其中运用虚拟现实技术来开展实景教学就像独角兽那样令人难以捉摸。每个人在谈及这项应用时都认为这将发挥虚拟现实最大的技术优势，但几乎没人能够向你展示这样一个应用案例。引用一位同事对此的看法，他说在商界讨论虚拟现实技术就好比高中时期的性行为——所有人都在讨论，但没人真正在做。

因此，从这个角度来说，虚拟现实实景教学是一个需要付出很多才能做好的庞大事业。

但是，积极地看，一旦这一技术得以应用，就能得到大范围推广，并能使我们与任何拥有互联网以及头戴式显示器的人共享教育的机会。

就像网络上的教育视频向全世界人们提供免费课程那样，在不远的将来，虚拟现实用户无论何时何地都能够接入沉浸式环境接受教育。大型开放式网络课程慕课（MOOC），就有相同的应用前景，即每一份演讲上传后都能储存在网络上并供全球用户观看。例如，中国大型科技公司百度的首席科技官、斯坦福大学教授吴恩达创立的权威慕课《机械学习》，该课程的注册学生来自世界各地，总人数超过百万。从某种程度上说，慕课发起了网络在线教育的革命。

一位名叫布莱恩·佩隆的研究生在我的实验室中进行了他的毕业设计，内容是在高中教室中进行沉浸式虚拟现实的相关研究。他在保罗奥托地区选择了一所本地高中，该高中允许他在教室中设立全套的虚拟现实系统，并且运用虚拟现实实景教学向学生们分享本书第四章曾描述过的有关海洋酸化的内容。我们创造了一种活动课程，让学生"变身"潜水员深入海洋深处，向其介绍海水因吸收二氧化碳而造成酸化的现象。而布莱恩这项研究最令人惊讶的是，他班上的学生因受虚拟现实实景教学的影响，真的去蒙特利尔湾进行了实地潜水。这是一个绝妙的变量控制对比的案例。

大多数读者都不太理解为何在高中进行潜水运动会是如此难得的机会。因为现实中的潜水昂贵异常，很多高中生甚至不能承担相关教科书的费用。而上述的那些学生通过虚拟现实实景教学获得的相关学习经历，在全世界范围内的学生中只有1%能拥有。

此外，复制和粘贴实景教学的数字内容是完全免费的，我们一旦做成了一个模型，就意味着我们能够做出数以亿计的实景教学点。就像吴恩达通过网络课程教授上百万学生如何构建神经网络和维护向量计算机的例子那样，未来的学生将不仅能听讲座，还能进行那些最昂贵、稀有、危险，甚至是不可能的旅行。虚拟潜水不需要任何资质和保险，也不需要昂贵的装备或者汽油费。但是，有一个人人都关心的问题，那就是虚拟现实实景教学究竟多么有效？应该用什么样的设计原则来指导这类体验呢？

正如我们所见，虚拟现实技术对于训练人们掌握特定技术特别有效，无论是运动员使用 STRIVR 公司的虚拟技术进行训练，还是外科医生练习腹腔镜手术，又或者是士兵们进行模拟战斗训练。美国南加州大学的工程师杰夫·里克尔在 20 世纪 90 年代完成了一系列著名的训练工作，表明了通过虚拟现实进行大型船只的引擎检测训练效果明显。但是应用虚拟现实教授科学或数学（所谓的 STEM 学习）与虚拟现实训练相比是完全不同的例子，前者偏向于认知能力，而后者的程序性更强。正如我们前文提到的，对于科学学习来说，德迪多年的研究表明，其"河城计划"以及"多用户沉浸式环境"能够提升学生的科学测试成绩。但是德迪的系统是"桌面式"虚拟现实，并不是真正意义上使用头戴式设备的沉浸式虚拟现实，这与我们在书中描述的真正的虚拟现实相比，更偏向于一个互动式的电子游戏。

在沉浸式虚拟现实中，人们能够完全置身于教学场景中，因此我们在很多的研究案例中都能发现虚拟现实实景教学能够促进人们学习。例如，布莱恩·佩隆发现，当他在高中或者大学课堂上使用虚拟现实海洋实景教学时，他课前及课后的测试成绩能够体现学生们确实通过虚拟现实实景教学获得了大量知识。

但同时，佩隆在他的高中教学场景中发现，当学生们试图去抓取其头戴式设备中那条并不存在的鱼时，他们会彼此取笑，再考虑到开发大型虚拟现实模拟系统的成本高昂，因此那个人人关心的问题仍然存在：使用虚拟现实进行教学是否确有必要呢？单纯地看教学视频或者看教科书不够吗？关于这个问题，现在依然缺少相关数据。

2001 年我在加州大学圣塔芭芭拉分校从事博士后工作时，我的同事们进行了关于沉浸式虚拟现实学习与传统电脑学习差别的最早期的研究。理查德·梅尔和罗克珊娜·莫蕾诺研究了沉浸式环境对学习的影响作用。他们创建了一个虚拟的环境来教授参与者植物学相关内容，并分别让一部分参与者通过头戴式设备和观看电脑屏幕同时学习。他们在实验中着重观察两个数据，其一是记忆力。就是单纯地记忆关于植物是如何生存与生长的。其二是知识转换能力。比起记忆力，教育学家更关注于此——这是一种接受知识，并将其运用到全新环境中的能力。比如，在知识转换测试提问中，学生们可能会被要求"设计一种能够在低温、高地下水位环境下生长的植物"。虽然学习素材中并没有直接给出具体细节，但学生们还是能通过虚拟世界中习得的相关知识推断出这一新问题的合适答案。梅尔和莫蕾诺研究发现，比起台式电脑，学生们在沉浸式头戴设备中学习的参与度更高。然而，他们的研究表明参与度并不会提升学习的质量。"虚拟现实能够创造更加沉浸的学习环境，但并不能提升测试成绩。"[6]

在我的实验室中，我们进行了一系列关于沉浸式虚拟现实与台式电脑、影片播放等方式在教授以学术为基础的课程时的对比研究。在我们进行的所有研究中，虚拟现实授课的学生们在知识获取方面普遍获得了提升。通过课前课后的测试，学生们在虚拟现实课程中能清楚地学习到相关的科学知识。但当你将沉浸式虚拟现实与相对不沉浸的系统进行对比时，情况就会变得越发复杂。最典型的就是，我们发现虚拟现实会造成学习态度的变化——学生们会更加关注学习主题，并更倾向于认同课程中的观点。但同时我们也发现，学生的记忆力也会相应产生微小的变化。这一现象让我们十分困扰。

德迪认为，虚拟现实能够比其他媒介产生更多的学习转换，因为学生可以使用虚拟现实对同一事物进行多角度的观察，并能在这种真实的环境中学习。因为教学是在一种复杂的互动场景中进行的——例如学生尝试去理解疾病在一座城市中的暴发，因此学生将所获信息应用至全新环境的能力会得到加强。那究竟为何虚拟现实相较于其他媒介更能提升学习能力的数据如此之少呢？

我认为，其中最大的挑战与虚拟现实环境的创建者们面临的问题一样：在注意力分散与课堂教学间寻找一个平衡点。有效教学要求教师具备"讲故事"的能力，为知识提供一种背景介绍。在我们之前的一些研究中，当我们将用户沉浸在现实存在的虚拟事件之中时，我们会将知识点与论点掺杂其中。例如，在一堂海洋科学课上，当沉浸在虚拟现实中的学生看到煤礁时，耳边会传来介绍煤炭如何随着时间而变化的旁白声。这很酷，但学习者的注意力将会完全集中在数字的环境中，导致他完全不会关注授课的声音。虽然当学生们课后回想起来时，这声音会记忆犹新，但我相信，应用的关键在于如何将参与体验与学习素材的呈现相分离。问题在于，如果将虚拟环境体验与课程内容展示相分离，这在某种程度上会破坏虚拟现实学习的目的。

我认为问题的答案应该是，创造一个完全不需要旁白描述，或者事实呈现的体验。假若我们想要完全释放虚拟现实学习的潜能，课程的设计就应该从学习者体验出发，将其转变成一个动态发现的过程。或者，虚拟现实体验应该在"做"与"说"之间进行转化，将自主发现的环节安排在介绍与描述的过程之后。这说起来容易，但做起来很难。

既然按照虚拟现实教学与影视教学的对照试验结果显示，我们就假设一下，虚拟现实其实并不比影视教学有效多少，但仍有使用虚拟现实进行教学的动因，那就是虚拟现实至少能让学习的过程更加有趣。

2016年，我们在翠贝卡电影节上设立了两套完整的沉浸式系统，并且巧妙地将一堂海洋科学实景教学课伪装成虚拟现实娱乐体验。好莱坞制片人、翠贝卡电影节的联合创始人简·罗森塔尔，是虚拟现实娱乐的最大思考者之一。她和她的同事在电影节期间，专门在一层楼的巨大空间为纽约市民和其他嘉宾设立了一个可以体验虚拟现实的游乐中心。

电影节为期 6 天，设备每天运行 12 个小时。我们有两个展台来展示我们关于海水酸化的实景教学。展示期间的那一周，我们总共接待了大约 2 000 人体验我们的项目。我们的展台前总排着队，有时数十人在队伍中，有时他们排队数小时来学习了解海洋科学，甚至有人愿意为此体验付费。我记得当时我就在想，我从没见过人们为了排队"阅读一本教科书"而争吵。当然，对从未体验过虚拟现实的用户来说，更多的激动来自对于新事物的新奇。但我并不肯定这究竟有什么区别。随着科技的进步与内容的丰富，一个制作精良的虚拟现实体验是否永远都不会过时呢？对我来说，我从没在过去的 20 年间这样觉得过。对于虚拟现实而言，唯一的极限就是我们的想象力，除此之外别无限制。我坚定地认为，对于那些热爱学习的人来说，未来将会充满激动人心的教育体验。

但是，虚拟现实除了将我们置于丰富的教育环境之中，还有超越其自身的教育优势。在本章接下来的部分，我想要跟大家说说关于虚拟现实的一些有趣甚至是隐含危险的功能。那就是，通过分析人们沉浸于虚拟环境时，电脑收集的用户移动、说话、观看方式等使用虚拟现实的海量信息，来创建一个持续性的个人记录，以此拓展教育潜能。

窥视数学奇境的镜子

《纽约客》上曾有一个经典的卡通形象，两只正在网上冲浪的狗，标题写着"上网时，没人知道你是只狗"。我也经常告诉我的学生，在虚拟现实中，我们不仅知道你是一只狗，我们还知道你的品种、所系领带的颜色，以及你早餐吃了些什么。在大众传媒的使用以及社会科学研究的历史上，还从没有过像沉浸式虚拟现实一样的设备，能够如此准确、频繁、无障碍地测量人们的行为举止。通过使用虚拟现实所收集到的数据是十分真实和可信的，因为不像演讲那样，非语言的动作是由人们的精神状态、情感与个性给出的自然反应。我们能够控制我们说话的内容，但并不能有意识地控制我们的微动作。我已对这类"数字足迹"开展了长达十多年的研究，并在这期间积累了大量关于人们如何移动身体或是视线的数据。在这期间，我与其他同行一直不断完善我们理解这类信息的方式，这被康奈尔大学教授黛布拉·埃斯特林称为"小数据分析"。这一工作能够帮助我们看到行为背后的"秘密"，并预测诸如工厂中的操作失误、不良的驾驶行为，甚至是人们在网上购物时被商品迷惑的情况。关于这一技术的应用还有很多种，有的积极正面，有的令人发指，但在我看来，使用"数字足迹"的最佳方式之一就是研究人们的学习行为。[7]

学生们在一学期的学校课程学习之外，在理想情况下，还会在课上或课外花费数小时来学习相关的学习资料。但当我们评估学生们究竟学了多少知识时，我们很难对这一问题给出一个量化的答案。在数月的学习后，学生的成绩通常由期中考、期末考、出勤率或者一两篇论文来决定。这样的成绩决定方式缺少很多相关评价指标，但就算是这样，它仍能决定你是否能考上研究生、找到一份工作甚至是获得高薪。成绩本身，应该是能够预测一个学生今后在社会上究竟能做得多好的指标，而对于潜在的雇主来说，它更能够说明即将受雇的学生究竟有多遵纪自律、认真负责和勤奋敬业。

在一堂沉浸式虚拟现实的课程中，无论是简短的实景教学，还是由虚拟教师举行的讲座，其间都会产生大量的行为数据，而我们就能通过这些数据来了解并掌握学生们的参与程度与学习表现。比如，在2014年公布的一项调查研究中，我们利用一套虚拟现实跟踪系统来收集一对一师生互动所产生的非语言数据。随后，我们根据这些数据来预测学生们的测验成绩。[8]最终的结果显示，通过分析授课过程中师生们的身体语言，我们能够准确预测学生们的课后测验成绩。在授课时，虚拟现实跟踪系统能够预测学习者的成绩是高还是低。真正让这类实验如此强大的是科学研究的"颠倒特性"。我们通过大多数不能为人眼所察觉的微动作模式添加数学算法，而非专注于点头或用手指等特殊的身体动作。一个能够预测学生成绩的动作是：头部与身体躯干的偏斜。很难将这一偏斜的动作用视觉化的语言描述出来，举个例子就是，当人们保持其头部竖直并向旁人偶尔点头时就会产生这样的偏斜。

每年我都会在虚拟课堂上问我的学生这样一个问题：你们是希望自己的成绩由短短几个小时高压传统的期末考试决定，还是通过分析你们日积月累所产生的数字足迹数据（能够持续测量你们的学习状态及参与程度）来决定。目前为止，我已经发现有极少数的学生愿意选择这一全新的评价方法。虽然大多数学生赞同通过数字足迹来评价一个学生的优秀程度是一个不错的方法，但他们仍然选择进行期末考试。尽管数字足迹有更高的准确率，但学生们还是习惯于传统的考试评价体系。也许，他们只愿意偶尔做一个好的学习者。

但是检测实时动作的能力已经远远超过了评估。虚拟教师能够及时做出改变和调整。

在虚拟现实授课的过程中，我在课上的化身，能够在任何时候胜任我作为一个与学生们面对面互动的老师。这一化身能够在 200 人甚至更多人的班级里将注意力完美地集中在每一个学生身上，在避免像情绪失稳等失误的同时展现我最得体的授课行为，还能侦测学生最微小的动作，及时对其疑惑做出解答，同步提升每一个学生的学习表现。

在教学方面，甚至是在任何形式的社交互动中，都有一条法则：面对面的联系是黄金标准，胜过任何间接产生的互动。但是我对形象化身与学习关系的研究表明，老师们在虚拟现实中的化身所拥有的能量，在现实世界中并不存在。

虚拟现实以循环方式运行——计算机计算出某人在做什么，然后重新绘制他或她的化身，显示基于该行为的变化。例如，在费城的学生可以移动他的脑袋、朝老师看、举手，所有这些动作都可以通过传感技术来测量。当学生移动时，圣达菲老师的电脑（已经储备了具有学生面部特征和体型的化身）从互联网上接收到这些信息，对化身进行修改，使其做出响应反应。跟踪教师和学生的动作，将它们传输到网上，并将其应用到各自的化身，所有这些都在无缝发生，参与者感到他们仿佛在同一个虚拟房间。每个用户的计算机向其他机器发送信息流，汇总该用户的当前状态。

然而，为了战略目的，用户可以通过实时改变他们的信息流来改变现实。例如，教师可以选择让他的电脑从不显示愤怒的表情，而总是用一张平静的脸代替它。或者，他可以屏蔽掉分散学生注意力的行为，比如在桌子上敲铅笔或在手机上发短信。

本杰明·布鲁姆在 20 世纪 80 年代的研究以及后来的研究表明，接受一对一教学的学生比传统课堂上的学生学习效果要好得多。虚拟现实让一个老师可以同时对许多学生进行一对一的指导。从非语言的角度来看，一对一的课堂可以感觉像 100 个一对一。

与大多数人群一样，教室里的学生有各种各样的性格类型，其中通常包括内向和外向的人。有些学生可能更喜欢有非语言暗示的交流，比如手势和微笑；其他人可能更喜欢表现力较弱的说话者。许多心理学研究已经证明了所谓的"变色龙效应"：当一个人用非语言模仿另一个人，表现出相似的姿势和手势时，他就能最大限度地扩大自己的社会影响力。模仿者比非模仿者更讨人喜欢，更有说服力。

我和我的同事已经证明，在许多关于虚拟现实中头部动作和握手等行为的实验室研究中，如果教师实践了虚拟的非语言模仿，也就是说，如果他（她）收到学生的非语言行为，然后将他（她）的非语言行为转变为类似于学生的动作，会有三种结果。

首先，学生很少意识到这种模仿。

其次，尽管如此，他们还是更关注教师：他们把目光更多地投向模仿教师，而不是那些行为更正常的教师。

最后，学生更容易受到模仿教师的影响——更容易遵循教师的指示并同意他们在课程中所说的内容。[9]

当我面对面地给 100 名学生上课时，我试着让我的非语言行为与一个学生的行为相匹配，我不得不投入大量的认知资源来完成这项工作。但在虚拟教室中，我的化身可以无缝地自动创建 100 个不同版本，同时模仿每个学生。我不需要注意我的动作，更不用在键盘上输入命令，我的电脑就可以改变我的手势和其他行为，模仿每个学生的手势和行为。实际上，我可以在心理上缩小班级的规模。

从历史上看，虚拟现实最成功的应用之一就是将现实世界中无法看到的因素可视化。1965 年，伊万·萨瑟兰在他具有里程碑意义的论文《终极显示》中，提出了使用虚拟现实的早期案例。萨瑟兰指出，在我们经历物质世界的一生中，我们每个人都对其特性产生了一系列期望。我们可以根据感觉和经验预测实物在重力作用下的运动和相互作用，或者如何从不同的角度出现。然而，当我们试图理解更微妙或隐藏的物质世界时，这些在我们日常的物理生活中非常有用的预测就会产生误导。"我们缺乏对带电粒子的受力、非均匀场中的力、非射影几何变换的效果，以及高惯性低摩擦运动的相应了解。"他写道，"连接到数字计算机的显示器让我们有机会熟悉在现实世界中无法实现的概念。它是一个窥视数学奇境的镜子。"[10]

自 20 世纪 60 年代虚拟现实社区开始发展以来，最后一句话"窥视数学奇境的镜子"已经成为许多人的指导思想。

布朗大学的安德里斯·范·达姆是使用虚拟现实实现可视化科学学习最多的学者之一。他花了数十年的时间构建技术，通过计算机可视化技术展示"隐藏的"科学关系。在他杰出的职业生涯中,他与医学、人类学、地理学等领域的专家合作,创建了用以增强学习和促进新的科学见解的工具。这些模拟可以以数字或二维表示的形式获取信息,并将其转化为动态的、可居住的环境。这种类型的工作能够让宇航员访问火星表面来了解导航和其规模,也能让生物学家缩小到细胞的大小,以获得了解血流结构和功能的新视角。考古学家不再像现在在残骸中推测过去那样来探索遗址,而是仿佛身在完整的结构中,遗物完好无损。

可视化研究领域的历史充满了当科学家能够因为走近他们的数据,获得成就时发出"哇"瞬间的例子。

一个早期的例子,ARCHAVE 系统是为了分析在约旦佩特拉大寺遗址的挖掘沟中发现的灯和硬币而建立的。该系统为考古学家提供了通过虚拟现实重建遗址的能力。更重要的是,它能够对挖掘数据库进行可视化访问——长时间以来收集的文物和数据,使得学者能够进入虚拟现实并在真实大小的寺庙呈现中检查数据。当考古学家与创建这个系统的计算机科学家一起研究以后,他们从可视化中学习了一些原本可能需要花费几个月才能掌握的知识。

例如,一位专家通过可视化检查了数据库中存在的灯、硬币和遗物。她在西边通道的沟壑中发现了一处藏有拜占庭灯的缓存——只有通过可视化才能显现的一组数据,这是在拜占庭占领期间谁可能住在那里的重要证据。[11]

虚拟现实不会也不应该在一夜之间取代教室。我期待看到,实际上也将继续积极推动的是一种缓慢、谨慎但稳定的反复试验,从而将这种强大的新技术融入课堂。

第十章

如何设计好的VR内容？

Experience on Demand

行文至最后一章，恰逢 2016 年圣诞节刚刚过去，人们正忙于庆祝姗姗来迟的光明节，正是人们互赠礼物的高峰时节。业界估计，这段时间应该有数百万人打开家人或朋友的礼物时，发现自己收到了一台 Vive、Rift、PS 游戏机或其他虚拟现实设备。我猜他们中很多人看到这些新奇的小设备时的反应，就跟我爷爷 2014 年初次体验虚拟现实时如出一辙："我该用它来干什么？"然后就像今天我们遇到其他问题时的做法一样，他们会去谷歌上搜索。从谷歌趋势的报告来看，从 2016 年 12 月 23 日至 26 日，关键词"虚拟现实内容"被搜索的频次增加了 2 倍，"虚拟现实色情"也是如此，[1] 这并不是巧合。似乎人们收到这些设备并尝试了出厂预加载的内容之后，就会开始寻找成人娱乐的相关内容。从录影机到互联网视频，内容一直是不断推陈出新的媒体技术的重要发展依托。用比尔·盖茨的话说即"内容为王"，虚拟现实技术最终会如何演变成消费技术，取决于消费者多快能在上面发现自己想要通过它实现的事情。

20 世纪 90 年代末，我一开始的研究方向并不是作为消费品的虚拟现实技术。当时我在心理学系，虚拟现实技术对我来说是一小撮科学家的工具，而不是家里电视机旁的又一个电子设备。今天听起来可能觉得奇怪，但是从预算、后勤和一般用途来看，在我加州大学圣塔芭芭拉分校的实验室中，虚拟现实系统更像一台功能性磁共振成像仪器：非常昂贵，无比笨重，经常需要维护，且只有接受过相关训练的专业人士才会操作。由于我们的工作并没有什么机会为公众所知晓，这反而给了我们回答自己所思所想问题的自由。我的导师、上本书《虚拟现实——从阿凡达到永生》的合著者吉姆·布拉斯科维奇仿照拉斯韦加斯的赌场设计了一个虚拟赌场，以此研究服从的问题，他甚至研究了看到化身死亡对人的影响；我的另一个导师杰克·卢米思设计了一个没有地板和房顶的超现实房间，以探究人类前庭功能的极限；前面提到的里佐发明了疗愈士兵PTSD的虚拟现实系统，乔安·蒂菲德用同样的方法为"9·11事件"的幸存者治疗，而亨特·霍夫曼则探索了临床条件下减轻病患痛苦的虚拟现实应用。这都是纯科学方面十分重要的应用，但是从来都不是以一种希望未来某天虚拟现实的门外汉能够在圣诞节的早晨打开虚拟现实礼物的节奏在发展。我们原本以为，虚拟现实技术的使用，就像功能性磁共振成像仪器一样会受到严格的监管。

后来我到了斯坦福，从把虚拟现实技术看作基础脑科学研究工具的心理学系，转到了研究媒体使用的传播系。我的想法因此改变，开始看到一个可能到处都是化身和虚拟现实的未来世界。当时我希望拿到斯坦福的终身教职，所以决定将虚拟现实技术与"媒介效果"这一传播学的主要议题相勾连。这一领域提出的问题很简单：媒体使用如何改变人？我想象中的世界与威廉·吉布森和尼尔·斯蒂芬森所描绘的如出一辙，虚拟现实技术变得普遍，然后以此为出发点，开始研究虚拟现实如何影响世界：政治家会在选举中使用化身吗？虚拟现实会使广告更加无处不在吗？化身体重的变化，会改变现实生活中人们的饮食方式吗？做这些工作的时候我是心安理得的，虚拟现实对消费市场来说还只是海市蜃楼。这一技术还处于监管之下，只有那些出得起6位数预算的人，和维持系统运行所必需的工程师才能用上它。

大约 2010 年的时候我的想法开始发生变化。这可能是因为我成家了，2011 年我有了第一个孩子；可能是我见证了微软 Kinect 上市带来的消费级虚拟现实技术的第一波热潮；也可能是受到了杰伦·拉尼尔和菲利普·罗斯德尔等人的影响，前者对虚拟现实的愿景多少有些类似嬉皮士式的改变自我的观念，后者对网络化化身社交新世界这一愿景的不羁热情非常有感染力；还可能是我终于还是变成了硅谷信条"让世界变得更美好"的忠实拥趸。无论是出于什么原因，我认为，虚拟现实比之前的任何媒介都更有力量。它带给人们的不是一个媒体体验，它就是体验本身，如有需要，按下按键，它就会发生。在开发虚拟现实内容时，我们应该避开那些我们不想在现实生活中看到的东西。那么，我们应开发什么样的东西? 应该如何着手去做? 人们从世界各地飞到我的办公室，希望寻求这些问题的答案。试图涉足虚拟现实领域的公司最常问我的问题之一是："我们应该做什么?"我的回答当然是视情况而定。2014 年虚拟现实变得主流以来，已经有上百人来问我这个问题，下面是我从与他们的谈话中总结出的一些宽松的准则。

（1）问问自己，你想要做的东西需要在虚拟现实中实现吗?

像所有其他媒体一样，虚拟现实不好也不坏，它只是一个工具。当我臧否虚拟现实给我们带来的体验、它带来的社会变化的可能性，以及它将会释放的创造力时，如果不提醒大家这一过程中需要付出的代价则是我的疏忽。

如前所述，虚拟世界中的在场导致我们在现实世界中的缺场，人的意识不可能同时停留在两个地方。首先，不计危害地使用虚拟现实应用，会让我们踩到狗尾巴，走路撞到墙，甚至是在地铁上被抢劫；其次，虚拟现实硬件佩戴起来并不舒服，即使是今天能买到的商业化程度最高的虚拟现实系统，使用超过 20 分钟也会在人们的前额上留下凹陷的痕迹，同时会让人感觉有点儿头晕；最后，虚拟现实的诱惑很难抵挡，如果像前面讨论过的那样，一个人能想象的最好的经验只需要一个按键就能实现，人们就很容易上瘾。

基于自己的实践，我总结出一些我认为适当的虚拟现实使用需要遵循的大原则。第一，虚拟现实可以用在那些你在现实中无法做到的事情中，这没有什么问题，而不是那些你现实世界中不会去做的事情。像超人一样飞向月球完全没问题，但参与虚拟屠杀，特别是虚拟环境的设计看起来非常真实时，则不可以。这很重要。我们所知道的关于虚拟现实培训系统的一切都显示，它对人们的态度和行为影响非常大。我们不希望用虚拟现实技术训练未来的恐怖分子，也不想用它让人们对暴力行为脱敏。第二，不要在日常琐碎中浪费它。虚拟现实经验的获得应经过深思熟虑，如果从现在开始5年后，人们甚至在读邮件的时候都要进入虚拟现实而避开现实世界，这则是我这本书的失败。既然我们担心虚拟现实技术会让我们分心和上瘾，我们就应该在真正特殊的时刻再启用。关于这一点最早的标准描述是，做不可能的事。如果在现实世界中别无选择，那虚拟现实可以提供一个安全的环境。时光漫游只发生在好莱坞里，如果你想回到从前，去见一见你的曾曾曾曾祖父，或是想体验一下身为一头牛漫步草场的感觉，或是长出第三只手臂以提高日常生活的效率，那么你应该用虚拟现实。

虚拟现实另一个好的应用是允许大家在保证安全的前提下体验可能带来危险的行为。本书的第一章中我们谈到早在20世纪20年代，虚拟现实技术就粗具雏形，即林克飞行模拟器。为什么要开发飞行模拟器？因为在虚拟现实中犯错无须付出代价，而生命（和飞机）可贵而代价高昂。如果可以将常犯错误的损害通过模拟到模拟器而降低减少，我们在应对这些损害时就会更加游刃有余。是时候将这一军事训练的模型推广到消防员、护士和警官等职业上了。我最近带我那在奥克兰警察局当了

20 年侦探的邻居参观了实验室。当他体验了第一章提到的橄榄球训练系统之后，马上就说这可以用来模拟骚乱做警官培训。人群控制一直是执法的一大难题，但又不可能设计"挫折课程"来训练警官们控制失控人群的能力。他告诉我，他第一次全副武装遭遇一群愤怒的骚乱者的经历，是他警官生涯最陌生、最具挑战性的经历，尽管他的工作是保证每个人的安全。想象一下如果他和他的同事已经在虚拟现实中做过很多次演练，他们对现场的掌控感会增加多少。我经常收到警官们的电话和邮件，他们告诉我这一技术是革命性的。

　　虚拟现实的使用还应考虑成本和可获得性的问题。对我们中一些人来说，登顶乞力马扎罗也许不是不可能，但是要花费很多时间和财力。尽管很多人有这样的体力，却因没有足够的财力而无法成行。在虚拟现实中，你不仅可以花很少的钱、做最少的努力就能看到山顶美妙的风景，还可以省下宝贵的时间。我曾经花 40 个小时，也就是一整周的工作时间往返南非，只是为了在那边做一个 45 分钟的徒步。如果我能用化身在虚拟现实中完成这件事情，那会感觉这一年我好像多出了一周的时间。

　　医疗训练方面，成本当然也是需要考虑的，这可以举出很多例子。想想一般情况下外科医生的训练方法，尸体昂贵而罕有，每个器官只能被割下一次。而在虚拟现实中，虽然初期开发虚拟现实模拟系统需要一些花费，但一旦建立起来，这一模拟系统就像其他电子信息一样，只需要一个按键就可以任意复制、发送，它永远存在，不会消耗损坏。

　　有些虚拟现实应用可能短期内有负面影响，但是长期来看能规正人们的行为。成长的过程中我们都会听到这样的故事：一个孩子被抓到抽烟，他被要求抽掉一整包以获得教训，这就是婴儿潮年代常见的"严厉之爱"，这在教育孩子不抽烟方面可能很有效，但肯定会伤到他们的肺。利用虚拟现实，可以趋利避害。不，虽然无法模拟吸入大量有毒烟雾的痛苦，但是可以通过化身来显示长期吸烟的影响，或者是让孩子们看看受损的肺。正如第四章描述的那样，人们可以在不去真正砍倒树木的情况下，用虚拟现实传达人类行为对环境造成的损害。如果这一经验感觉起来是真的，那么它在大脑那里就是真的，却避免了环境损害的发生。

底线是如果一个经验不是不可能的、不危险、代价不大、不会花费太高的代价，那么你应该认真地考虑是不是要用别的媒体，甚至在现实世界中去实现。把虚拟现实留给真正特殊的事情。

（2）不要让人眩晕

如果你决定开发虚拟现实内容，那么你最需要考虑的是，你开发的东西不能让人感到眩晕。好的虚拟现实用起来让人感觉非常棒，很有趣，给人参与感，有改变人们行为的潜力，可能是完全积极的体验。所以，如果你设计的东西让人们感到眩晕，那就太煞风景了。我担心的是，只消少数几个广为人知的模拟器眩晕的个案，就足以让某一个虚拟现实内容开发者深陷尴尬的境地，甚至可能减慢整个虚拟现实技术发展的步伐。初涉虚拟现实之时，我在圣塔芭芭拉的实验室里发生了一次小事故。一个 40 多岁的女士参加了一个实验，不幸感受到了模拟器眩晕症。当时这很常见，因为我们的帧速率只有 30，而现在已经到了 90，当时的延时（即人头部和身体的活动与虚拟现实内容更新的时间差）非常高，这使得体验者所处的现实世界和虚拟世界之间总是不一致，后者好像总是慢半拍。每次遇到这种情况，学校相关委员会批准了的标准做法是让受试者坐下来，喝一些姜味汽水，等感觉好些再告知我们。那位女士的情况是，我们遵循标准流程，很快她就说自己感觉好多了，我们就跟她说了再见，让她离开了。

第二天我们从电话中得知那位女士开车回家，在屋前停车之后走回家的路上感到头晕，摔倒在花园围栏里，并摔伤了头。听到这个消息，我和我的同事们都很难过。她最终没有出什么大问题，伤势不重，我们也无须负法律责任。但这对我们是个警醒：要不计一切代价避免模拟器眩晕症。

虚拟内容的开发设计者应该小心谨慎，不要擅自移动或改变使用者的视域，而要让他们自己去做这件事情。我最近参加了一个贸易展销会，看到最大的汽车公司之一正给很多CEO（首席执行官）体验模拟器眩晕，他们让CEO们戴上头戴式显示器，在虚拟现实中开车经过很多急转弯，速度时快时慢，挑战他们的前庭系统。为什么虚拟驾驶会给人的感官带来如此大的负担？

在过去的千万年里，人们不管做任何动作，身体的反应都分三步走。第一，视域的光流发生变化，通俗地说就是走向一块石头时，它在视域中就变大；第二，前庭系统有所反应，比如，内耳的感官系统随着人身体的移动开始活跃起来，提供大脑识别人们正在移动的线索；第三，从身体的皮肤和肌肉获得本体信号，比如走路时脚底在碰到地板时感受到的压力。

虚拟驾驶对这个系统来说是很大的挑战。展销会上的驾驶员视野所及的道路看起来是正常的，但前庭系统并没有收到相应的信号，因为身体并没有真的随着车的转弯发生动作，也没有收到本体信号（即当车突然加速时，他们会感到座位对他们背部肌肉的压力）。

虚拟驾驶的例子反映了虚拟现实面临的一个更大、更为根本的问题，即人们希望探索非常大的虚拟空间，比如在月面行走，但是几乎没有人家里有像月面那么大的空间，所以挑战在于如何让人们体验更大的虚拟空间。不幸的是，很多解决方案对人类的认知系统都不友好，因为虚拟现实能给我们带来意料之中的光流，即我们的动作看起来是真实的，但前庭系统和本体信号与此并不协调，因为实际上我们并没有置身在一个很大的空间里。

过去的几十年里，人们已经发展出一些很棒的方法来解决这个问题，最好的方法就是找一个非常大的房间。我在圣塔芭芭拉的前同事戴夫·沃勒在迈阿密大学发起了一个虚拟现实实验室，所用场地是一个废旧的体育馆，他将其取名为 HIVE，即超大沉浸式虚拟环境。虽然这是解决认知系统问题的最好方法，但并不是很多人都这么奢侈，能拥有一间体育馆那么大的虚拟现实房间。

最有趣的解决方案是使用人用仓鼠球。虚拟现实的一些早期军事应用让这一方案变得流行起来，就像仓鼠在球里奔跑一样，人们可以在转动频率跟他们步伐一致的大球里不停走动，以此获得一个认知意义上的无限空间。当然，因为要让人们走路的时候看不出来地面是弯曲的，所以要做到这一点需要很大的空间和非常高的天花板，而在消费级虚拟现实中，这也不太可能。

最近全向跑步机获得广泛认可，所谓全向跑步机就是通过适应人们走路的方向来让人们一直走路。当使用者走路的时候，传送带通过反向运动，自然地将他们带回跑步机的中心。这样一来，如果你在虚拟现实中向右转，那么传送带就朝着你的反方向进行同速度的运作，将你带回跑步机的中心。过去十年间全向跑步机不断优化，但还是无法给出甚至只是接近真实的前庭信号和本体信号，相反，它需要人们去适应它。此外，安全是个大问题，很多商业的系统设备都配有护具，以防止使用者飞出跑步机。

还有一个解决方案是使用抽象信号，类似于电子游戏中的驾驶杆、鼠标或是箭头按键。这是最简单的解决方案，而且在诸如《第二生命》等桌面虚拟现实系统中非常有效。但是这是最坏的打破光流和其他两种信号协调联结的方法。在我的实验室里，如果出于某些原因要用鼠标移动使用者的化身，他感受到的是自己的化身身体突然倾斜，而他自己却纹丝未动，更多的时候他会大叫，甚至摔倒。

当下大部分的虚拟现实系统采取的是"用意念传送"的方法。人们走来走去，而设计者不会给出任何关于这些活动的信号。使用者可以通过按手上的控制器（类似现实中的激光指示器），控制自己到新的位置。这听起来很麻烦，但实际上相比其他着眼光流的解决方案，使用者要舒服很多。如果一个人有一个普通卧室那么大的房间，他（她）就可以用这个方法去到很多不同的地方，他（她）可以自然而然地四处漫步，设备可以在狭小的空间里提供适当的光流、前庭信号和本体信号。这里面的关键在于转接要做好，这样就不会在她动来动去的时候让她不知所措。

我最喜欢的解决方案是"重定向行走"。想象这样一个场景：在虚拟现实环境中，使用者被要求沿直线行走数公里，问题是他没有那么大的空间，只有一个非常大的、正方形的房间。我们假设使用者从左侧底部角落开始，沿着房间左面的墙走。在虚拟现实中，这能够很好地实现，他看到的自己正是走直线的。当他走到另一端的时候，系统开始稍微地转变他的视域方向，他每向另一端接近一步，系统就将他逆时针旋转一度，这样一来，只要他在虚拟现实中努力地走直线，实际上他的身体移动路径便会不停地顺时针转向，他一直走，身体就一直转向。在他走向角落的过程中，这一过程继续不停。从逻辑上说，这其实就是一个人在转圈，但是他的认知里自己在虚拟现实里是走直线的。这里的关键是房间足够大，这样方向的调整就不那么容易被察觉到。这很重要，原因有两点，首先，如果迅速改变一个人的视野所及的东西会让他（她）感到眩晕，而这不是我们想看到的；其次，如果他（她）都意识不到自己身体运动的节律被破坏了，那将是很棒的体验。

我们能做的很棒的事情非常多，飞向天空，爬上金字塔再爬下来，还原历史上的重要时刻，但是有个很重要的原则要记住，即不要让人们呕吐，甚至不要让大家感觉眩晕。如果我们在虚拟现实技术发展早期就谨记这一原则，那么该产业及其工作人员的境况会比现在更好。

（3）注意安全

好的虚拟现实让人们忘记自己在现实世界里。曾经有位 70 岁的老汉突然来了兴致，在虚拟现实中做起了后空翻，落到了我的怀里；有名记者在实体墙上试图做百米冲刺；有位俄罗斯商人回旋踢踢中我的脑袋；有位著名的足球教练捶指挥台，想要打正在冲刺的虚拟球员。这些我们实验室都可以顺利处理，因为我们有一名才华横溢、警觉性很高的观察者，他的工作就是观察使用者的每一个动作，必要的时候抓住或限制他们。当然，这没有办法大规模推广。我经常开玩笑说商业化程度最高的虚拟现实没有附赠一个我真的是很遗憾（我为自己的观察技能感到骄傲），他们通常都配有使用指南，比如"玩这个游戏的时候请坐下"，或是一个经常提醒你前面有墙的扫描系统。要让虚拟现实革命胎死腹中，只需要少数几个广为人知的可怕故事足矣。我对虚拟现实产业从业者的建议是，无论你打算在安全上下多少功夫，再多加两倍。

做好安全工作的一个方法是，将虚拟现实的情景模拟做得短一些。回想一下最令你难忘的人生经历，很长吗？还是短短几分钟呢？大多数讲故事的方式中，吸引人的一大要则是避繁就简。这一点在虚拟现实中尤为重要。鉴于很多虚拟现实模拟强度非常高，对人的情感、认知和心理的影响都非常大，通常 5~10 分钟就足够了。

过去几年，虚拟现实获得了非常多的媒体关注，这使很多人都忘了它并不是一个新技术的事实，它甚至都不是近期才发展起来的。关于它能为世界做什么，将会如何改变世界的争论已经有数十年了。但是一个事实是，没有人知道虚拟现实未来会如何发展。我们能做的只有试图理解它的运作方式，以及它能做什么，而后思考这些因素如何能满足人类的需求和欲望。本书中，我提纲挈领地概述了虚拟现实作为一个媒介的运作机理，并在通过研究了解其影响的基础上，预测这一技术未来将会如何发展、成熟、被使用，这些都不可预料。过去的技术也是一样，其

内容设计者和相关专家很少有人能准确预测其发展轨迹。谁能想到拥有
5G 网络和高清屏幕、最广为接受、功能最全面的智能手机发展到今天
仍然保留着短信和推特这种 19 世纪的电报就可以做到的功能? 谁又能
想到像微软 Kinect 这样迄今为止设计最精良，甚至能够让玩家的身体
变成控制器本身的游戏设备，竟然无法取代传统的 Xbox 游戏手柄?

　　如果互联网在任何意义上都可以作为虚拟现实发展轨迹的参照的
话，我认为，大多数人将不仅是虚拟现实的使用者，也是内容生产者，
就像人们今天写博客、上传自制视频和发推特那样。本章主题是"如何
设计好的 VR 内容"，讲的更多的是"如何"，而不是"是什么"的问题。
这是因为随着技术的进步和开发工具的发展，越来越多的人可以开始在
虚拟现实中进行自我表达，他们能用虚拟现实开发出的内容为他们的想
象所形塑，有些可能会让人觉得讨厌。虽然我衷心地认同美国高等法院
对数字模拟是言论自由范围之一的认定，我也相信，我们有开发想要开
发的东西的自由，但这并不意味着我们应该这么做。我们应在娱乐中避
免追求单纯的感官享受或逃避主义。如果我们尊重这一媒介的独特力量、
聚焦虚拟现实技术的亲社会方面，我们就可以让世界变得更美好。无论
未来发展前景如何，当下都是参与这一技术革命的绝佳时期。未来几年，
虚拟现实将会呈爆发式发展。

致谢

　　首先，也是最重要的，我要感谢我的妻子珍妮·撒迦利亚。对那些读过我上一本《虚拟现实——从阿凡达到永生》的读者来说，可能会发现这本书更多注重虚拟现实在应用上能够给出的实际帮助，即如何帮助人类、政府、动物和环境。我的上一本书侧重于概括一个人可以在虚拟现实中做什么；而这一本更注重一个人应该做什么。本书中有一系列激进主义，有些甚至超越了科学。珍妮一直在鼓励我做得更好，不仅仅关注虚拟现实是什么，更要关注它能做什么。她是我将实验室研究重点放在气候变化、共情和虚拟现实等其他亲社会应用上的原因之一。

　　其次，我要感谢杰夫·亚历山大，他为本书做出了很多方面的贡献——采访、编辑、研究、给饶舌歌手提供虚拟现实演示、进行思想交谈以及头脑风暴。如果没有杰夫的聪明才智和努力工作，本书看起来将会有很大不同。

　　我的经纪人威尔·利平科特确实让这本书成真了。我内心曾经为写第二本书而陷入快要着火的境地，但是威尔的耐心、鼓励和智慧直接扑灭了这团火，并让我能够继续沉浸于创作。同时要感谢我的编辑们，布兰登·库里雕刻了本书的整体弧线，同时感谢琼的"1 000 次击打"——每一"击"都让这本书变得更好。

　　我有幸成为以下 10 名博士生的主要顾问，他们分别是：孙祖安，杰基·贝利，杰西·福克斯，费尔南达·赫雷拉，雷恩·克孜尔切克，欧秀英，凯瑟琳·塞戈维亚，科塔基·希拉姆，安德莉亚·史蒂文森·元和尼克·叶。在本书中，我经常说"我们"进行了一项研究。事实是，这些博士生做着绝大多数的思考和劳动。如果没有这些聪明的头脑，实验室将无所作为，我欣赏他们的奉献精神和才能，以及当我夸大自己对于他们工作的贡献时，他们所表现出的善良和宽容。同样感谢数十名斯坦福大学本科生和硕士生，他们是本研究的重要组成部分，还要感谢托宾·阿舍，尼尔·拜伦森，凯特·贝丁格，迈克尔·卡萨尔，阿尔伯特·卡西涅夫斯基，谢尔比·明希尔和珍妮·撒迦利亚对我早期文稿的评论。

很少有教授有幸拥有全职工作人员。自2010年以来，我完全依赖于我的实验室经理，首先是科迪·卡鲁兹，然后是肖尼·鲍曼，现在是托宾·阿舍，还有一名重要的项目经理伊莱丝·奥格尔。自从我的实验室在斯坦福大学成立以来，我们已经为1万多人提供了虚拟现实巡回演出和演示。教授们一般很少有时间参与外展活动，无论是做虚拟现实巡回演出，还是为简·罗森塔尔制作一部虚拟现实影片用来在翠贝卡电影节上放映，但是我超棒的员工们让这个实验室不仅成为科学的温室，还是一个任何人——无论是一个前来实地考察的三年级学生还是前来考量收购的亿万富翁CEO——都可以来参观并且学习虚拟现实的地方。

我要把这本书献给我的导师克利夫·纳斯。克利夫是个天才，但不仅如此，他还是我见过的最有爱心和最特别的教授。如果没有他我不会在斯坦福找到工作。他对于我终身职业的发展影响深远。同时，一些读者可能会注意到本书的前提：即我们应把虚拟现实体验看成真实的。在巴伦·李维斯和克利夫·纳斯的《媒介等同》中就提出了这个最初的论点，即我们将媒体看作真实的。感谢克利夫和巴伦对我在斯坦福的知识和学术发展提供的帮助。

还要感谢很多其他导师对我的帮助。吉姆·布拉斯科维奇教会我社

会心理学。安德鲁·比尔教会我关于虚拟现实的一切——编程，硬件和
全面思考。杰克·卢米斯教会我关于感知系统的知识。杰伦·拉尼尔教
会我虚拟现实应该是关于变化——让我们变得更好，我常觉得我有一个
真的很独特的想法，然后我就会发现早在几十年前杰伦就有过同样的想
法。华尔特·格林力夫和斯基普·里佐教会我医疗和临床虚拟现实。梅
尔·斯拉特在理解虚拟现实中的人类行为上付出的比任何人都多。罗
伊·丕和丹·施瓦茨教会我关于学习和教育。布鲁斯·米勒让我学会了
如何与企业界及商业人士对话。梅尔·布莱克进一步帮助我磨炼了这些
技能，如果没有他的耐心与智慧，我将永远无法将本书所述的虚拟现实
视觉带给众多公司的众多决策者。德克·斯密特和斯凯勒·卡伦帮助我
开始了解领会硅谷这个"怪兽"（我仍然还有很多要学习）。卡罗尔·贝
利斯不仅是我明智的法律顾问，还将法律变得更加有趣味性。

特别感谢德里克·贝尔奇，他将在虚拟现实历史上占有一席之地，
他将虚拟现实纳入主流，改变了人们的训练方式。

研究是很昂贵的。我很荣幸和那些不仅慷慨，而且通常聪明且乐于
助人的资助者一起工作。感谢以下的公司或机构：布朗学院，思科公司，
珊瑚礁联盟，大日印刷有限公司，美国国防高级研究计划局（DARPA），
谷歌，戈登和贝蒂摩尔基金会，HTC Vive，柯尼卡美能达，媒体 -X
（Media-X），微软，美国国立卫生研究院，美国国家科学基金会，日
本电气股份有限公司，欧可乐斯（Oculus），美国海军研究办公室，欧
姆龙公司，约翰逊基金会，斯坦福大学长寿研究中心，斯坦福大学专
利授权办公室，斯坦福大学本科教研处（Stanford Vice Provost for
Undergraduate Education），斯坦福森林环境研究所，社会科学分时
实验项目组（Time-sharing Experiments for the Social Sciences），美
国能源部，即世界公司（Worldviz）。

最后，我要感谢最终对我的成功负责的人：埃莉诺，吉姆，尼尔和

默纳。一位聪明的女人曾告诉我，如果你可以选择一件关乎你一生的事情，那就选择你的父母吧。我不会改变这件事，同样我也选择了我的新家庭，理查德和黛布拉·撒迦利亚。

　　当然，还有我的生命之光，安娜和艾迪。

参考文献

绪论：VR是什么？

1. "Oculus," *cdixon blog*, March 25, 2014, http://cdixon.org/2014/03/25/oculus/.
2. "Insanely Virtual," *The Economist,* October 15, 2016, http://www.economist
   .com/news/business/21708715-china-leads-world-adoption-virtual-reali
   ty-insanely-virtual.

第一章　VR世界，发掘你的无限潜能

1. Bruce Feldman, "I Was Blown Away: Welcome to Football's Quarterback
   Revolution," *FoxSports*, March 11, 2015, http://www.foxsports.com/
   college-football/story/stanford-cardinal-nfl-virtual-reality-qb-training-
   031115.
2. Author interview with Carson Palmer, June 9, 2016.
3. Peter King, "A Quarterback and His Game Plan, Part I: Five Days to
   Learn 171 Plays," *MMQB*, Wednesday, November 18, 2015, http://mmqb.si
   .com/mmqb/2015/11/17/nfl-carson-palmer-arizona-cardinals-inside-
   game-plan; Peter King, "A Quarterback and His Game Plan, Part II: Vir-
   tual Reality Meets Reality," *MMQB*, Thursday, November 19, 2015, http://
   mmqb.si.com/2015/11/18/nfl-carson-palmer-arizona-cardinals-inside-
   game-plan-part-ii-cleveland-browns.

4. Josh Weinfuss, "Cardinals' use of virtual reality technology yields record season," *ESPN*, January 13, 2016, http://www.espn.com/blog/nflnation/post/_/id/195755/cardinals-use-of-virtual-reality-technology-yields-record-season.

5. M. Lombard and T. Ditton, "At the Heart of it All: The Concept of Presence," *Journal of Computer-Mediated Communication* 3, no. 2 (1997).

6. James J. Cummings and Jeremy N. Bailenson, "How Immersive Is Enough? A Meta-Analysis of the Effect of Immersive Technology on User Presence," *Media Psychology* 19 (2016): 1–38.

7. "Link, Edwin Albert," *The National Aviation Hall of Fame*, http://www.nationalaviation.org/our-enshrinees/link-edwin/.

8. National Academy of Engineering, Memorial Tributes: *National Academy of Engineering, Volume 2* (Washington, DC: National Academy Press, 1984), 174.

9. James L. Neibaur, *The Fall of Buster Keaton: His Films for MGM, Educational Pictures, and Columbia* (Lanham, MD: Scarecrow Press, 2010), 79.

10. Jeremy Bailenson et al., "The Effect of Interactivity on Learning Physical Actions in Virtual Reality," *Media Psychology* 11 (2008): 354–76.

11. Feldman, "I Was Blown Away."

12. Daniel Brown, "Virtual Reality for QBs: Stanford Football at the Forefront," *Mercury News*, September 9, 2015, http://www.mercurynews.com/49ers/ci_28784441/virtual-reality-qbs-stanford-football-at-forefront.

13. King, "A Quarterback and His Game Plan, Part I"; King, "A Quarterback and His Game Plan, Part II."

14. K. Anders Ericsson and Robert Pool, *Peak: Secrets from the New Science of Expertise* (New York: Houghton Mifflin Harcourt, 2016), 64.

15. B. Calvo-Merino, D. E. Glaser, J. Grèzes, R. E. Passingham, and P. Haggard, "Action Observation and Acquired Motor Skills: An fMRI Study with Expert Dancers," *Cerebral Cortex* 15, no. 8 (2005): 1243–49.

16. Sian L. Beilock, et al. "Sports Experience Changes the Neural Processing of Action Language," *The National Academy of Sciences* 105 (2008): 13269–73.

17. http://www.independent.co.uk/environment/global-warming-data-centres-to-consume-three-times-as-much-energy-in-next-decade-experts-warn-a6830086.html.

18. http://www.businessinsider.com/walmart-using-virtual-reality-employee-training-2017-6.

第二章 "在场"的力量

1. Stanley Milgram, "Behavioral Study of Obedience," *Journal of Abnormal and Social Psychology* 67, no. 4 (1963): 371–78.

2. Mel Slater et al., "A Virtual Reprise of the Stanley Milgram Obedience Experiments," *PLoS One* 1 (2006): e39.

3. Ibid.

4. K. Y. Segovia, J. N. Bailenson, and B. Monin, "Morality in tele-immersive environments," Proceedings of the International Conference on Immersive Telecommunications (IMMERSCOM), May 27–29, Berkeley, CA.

5. C. B. Zhong and K. Liljenquist, "Washing away your sins: Threatened morality and physical cleansing," *Science* 313, no. 5792 (2006): 1451.

6. T. I. Brown, V. A. Carr, K. F. LaRocque, S. E. Favila, A. M. Gordon, B. Bowles, J. N. Bailenson, and A. D. Wagner, "Prospective representation of navigational goals in the human hippocampus," *Science* 352 (2016): 1323.

7. Stuart Wolpert, "Brain's Reaction to Virtual Reality Should Prompt Further Study Suggests New Research by UCLA Neuroscientists," *UCLA Newsroom,* November 24, 2014, http://newsroom.ucla.edu/releases/brains-reaction-to-virtual-reality-should-prompt-further-study-suggests-new-research-by-ucla-neuroscientists.

8. Zahra M. Aghajan, Lavanya Acharya, Jason J. Moore, Jesse D. Cushman, Cliff Vuong, and Mayank R. Mehta, "Impaired Spatial Selectivity and Intact Phase Precession in Two-Dimensional Virtual Reality," *Nature Neuroscience* 18 (2015): 121–28.

9. Oliver Baumann and Jason B. Mattingley, "Dissociable Representations of Environmental Size and Complexity in the Human Hippocampus," *Journal of Neuroscience* 33, no. 25 (2013): 10526–33.

10. Albert Bandura et al., "Transmission of Aggression Through Imitation of Aggressive Models," *Journal of Abnormal and Social Psychology* 63 (1961): 575–82.

11. Andreas Olsson and Elizabeth A. Phelps, "Learning Fears by Observing Others: The Neural Systems of Social Fear Transmission," *Nature Neuroscience* 10 (2007): 1095–1102.

12. Michael Rundle, "Death and Violence 'Too intense' in VR, game developers admit," WIRED UK, October 28, 2015, http://www.wired.co.uk/article/virtual-reality-death-violence.

13. Joseph Delgado, "Virtual reality GTA: V with hand tracking for weapons," *veryjos*, February 18, 2016, http://rly.sexy/virtual-reality-gta-v-with-hand-tracking-for-weapons/.

14. Craig A. Anderson, "An Update on the Effects of Playing Violent Videogames," *Journal of Adolescence* 27 (2004): 113–22.

15. Jeff Grabmeier, "Immersed in Violence: How 3-D Gaming Affects Videogame Players," *Ohio State University*, October 19, 2014, https://news.osu.edu/news/2014/10/19/%E2%80%8Bimmersed-in-violence-how-3-d-gaming-affects-video-game-players/.

16. Hanneke Polman, Bram Orobio de Castro, and Marcel A. G. van Aken, "Experimental study of the differential effects of playing versus watching violent videogames on children's aggressive behavior," *Aggressive Behavior* 34 (2008): 256–64.

17. S. L. Beilock, I. M. Lyons, A. Mattarella-Micke, H. C. Nusbaum, and S. L. Small, "Sports experience changes the neural processing of action language," *Proceedings of the National Academy of Sciences of the United States of America*, September 2, 2008, https://wwww.ncbi.mln.nih.gov/pmc/articles/PMC2527992/.

18. Helen Pidd, "Anders Breivik 'trained' for shooting attacks by playing Call of Duty," *Guardian*, April 19, 2012, http://www.theguardian.com/world/2012/apr/19/anders-breivik-call-of-duty.

19. Jodi L. Whitaker and Brad J. Bushman, " 'Boom, Headshot!' Effect of Videogame Play and Controller Type on Firing Aim and Accuracy," *Communication Research* 7 (2012) 879–89.

20. William Gibson, *Neuromancer* (New York: Ace Books, 1984), 6.

21. Sherry Turkle, *Alone Together* (New York: Basic Books, 2011).

22. Frank Steinicke and Ger Bruder, "A Self-Experimentation about Long-Term Use of Fully-Immersive Technology," https://basilic.informatik.uni-hamburg.de/Publications/2014/SB14/sui14.pdf.

23. Eyal Ophir, Clifford Nass, and Anthony D. Wagner, "Cognitive control in media multitaskers," *PNAS* 106 (2009): 15583–87.

24. Kathryn Y. Segovia and Jeremy N. Bailenson, "Virtually True: Children's Acquisition of False Memories in Virtual Reality," *Media Psychology* 12 (2009): 371–93.

25. J. O. Bailey, Jeremy N. Bailenson, J. Obradović, and N. R. Aguiar, "Immersive virtual reality influences children's inhibitory control and social behavior,"

paper presented at the International Communication 67th Annual Conference, San Diego, CA.

26. Matthew B. Crawford, *The World Beyond Your Head: On Becoming an Individual in an Age of Distraction* (New York: Farrar, Straus, and Giroux, 2015), 86.

第三章　VR带来了前所未有的身临其境感

1. Gabo Arora and Chris Milk, *Clouds Over Sidra* (Within, 2015), 360 Video, 8:35, http://with.in/watch/clouds-over-sidra/.

2. Ibid.

3. Chris Milk, "How virtual reality can create the ultimate empathy machine," filmed March 2015, TED video, 10:25, https://www.ted.com/talks/chris_milk_how_virtual_reality_can_create_the_ultimate_empathy_machine#t-54386.

4. Ibid.

5. John Gaudiosi, "UN Uses Virtual Reality to Raise Awareness and Money," *Fortune*, April 18, 2016, http://fortune.com/2016/04/18/un-uses-virtual-reality-to-raise-awareness-and-money/.

6. See Steven Pinker's *The Better Angels of Our Nature* (New York: Viking, 2011) and Peter Singer's *The Expanding Circle* (Princeton: Princeton University Press, 2011).

7. J. Zaki, "Empathy: A Motivated Account," *Psychological Bulletin* 140, no. 6 (2014): 1608–47.

8. Susanne Babbel, "Compassion Fatigue: Bodily symptoms of empathy," *Psychology Today*, July 4, 2012, https://www.psychologytoday.com/blog/somatic-psychology/201207/compassion-fatigue.

9. Mark H. Davis, "A multidimensional approach to individual differences in empathy," *JSAS Catalog of Selected Documents in Psychology* 10 (1980): 85, http://fetzer.org/sites/default/files/images/stories/pdf/selfmeasures/EMPATHY-InterpersonalReactivityIndex.pdf.

10. Mark H. Davis, "Effect of Perspective Taking on the Cognitive Representation of Persons: A Merging of Self and Other," *Journal of Personality and Social Psychology* 70, no. 4 (1996): 713–26.

11. Adam D. Galinsky and Gordon B. Moskowitz, "Perspective-taking: Decreasing stereotype expression, stereotype accessibility, and in-group favoritism," *Journal of Personality and Social Psychology* 78 (2000): 708–24.

12. Matthew Botvinick and Jonathan Cohen, "Rubber Hands 'Feel' Touch That Eyes See," *Nature* 391, no. 756 (1998).

13. Mel Slater and Maria V. Sanchez-Vives, "Enhancing Our Lives with Immersive Virtual Reality," *Frontiers in Robotics and AI*, December 19, 2016, http://journal.frontiersin.org/article/10.3389/frobt.2016.00074/full.

14. N. Yee and J. N. Bailenson, "Walk a Mile in Digital Shoes: The Impact of Embodied Perspective-taking on the Reduction of Negative Stereotyping in Immersive Virtual Environments," *Proceedings of Presence 2006: The 9th Annual International Workshop on Presence,* August 24–26, 2006.

15. Ibid.

16. Victoria Groom, Jeremy N. Bailenson, and Clifford Nass, "The influence of racial embodiment on racial bias in immersive virtual environments," *Social Influence* 4 (2009): 1–18.

17. Ibid.

18. Tabitha C. Peck et al., "Putting yourself in the skin of a black avatar reduces implicit racial bias," *Consciousness and Cognition* 22 (2013): 779–87.

19. Sun Joo (Grace) Ahn, Amanda Minh Tran Le, and Jeremy Bailenson, "The Effect of Embodied Experiences on Self-Other Merging, Attitude, and Helping Behavior," *Media Psychology* 16 (2013): 7–38.

20. Ibid.

21. Arielle Michal Silverman, "The Perils of Playing Blind: Problems with Blindness Simulation and a Better Way to Teach about Blindness," *Journal of Blindness Innovation and Research* 5 (2015).

22. Ahn, Le, and Bailenson, "The Effect of Embodied Experiences," *Media Psychology* 16 (2013): 7–38.

23. Kipling D. Williams and Blair Jarvis, "Cyberball: A program for use in research on interpersonal ostracism and acceptance," *Behavior Research Methods* 38 (2006): 174–80.

24. Soo Youn Oh, Jeremy Bailenson, E. Weisz, and J. Zaki, "Virtually Old: Embodied Perspective Taking and the Reduction of Ageism Under Threat," *Computers in Human Behavior* 60 (2016): 398–410.

25. J. Zaki, "Empathy: A Motivated Account," *Psychological Bulletin* 140, no. 6 (2014): 1608–47.

26. Frank Dobbin and Alexander Kalev, "The Origins and Effects of Corporate Diversity Programs," in *The Oxford Handbook of Diversity and Work*, ed. Peter E. Nathan (New York: Oxford University Press, 2013), 253–81.

27. Sun Joo (Grace) Ahn et al., "Experiencing Nature: Embodying Animals in Immersive Virtual Environments Increases Inclusion of Nature in Self and Involvement with Nature," *Journal of Computer-Mediated Communication* (2016).

28. Caroline J. Falconer et al., "Embodying self-compassion within virtual reality and its effects on patients with depression," *British Journal of Psychiatry* 2 (2016): 74–80.

29. Ibid.

第四章　VR改变了我们的世界观

1. *Overview,* documentary directed by Guy Reid, 2012; "What are the Noetic Sciences?," *Institute of Noetic Sciences*, http://www.noetic.org/about/what-are-noetic-sciences.

2. In fact, a start-up VR company called SpaceVR has launched a satellite with a VR camera into low Earth orbit and will allow subscribers to gaze at real-time images of the Earth from space.

3. Leslie Kaufman, "Mr. Whipple Left it Out: Soft is Rough on Forests," *New York Times*, February 25, 2009, http://www.nytimes.com/2009/02/26/science/earth/26charmin.html.

4. Mark Cleveland, Maria Kalamas, and Michel Laroche, "Shades of green: linking environmental locus of control and pro-environmental behaviors," *Journal of Consumer Marketing* 29, no. 5 (May 2012): 293–305, 22 (2005): 198–212.

5. S. J. Ahn, J. N. Bailenson, and D. Park, "Short and Long-term Effects of Embodied Experiences in Immersive Virtual Environments on Environmental Locus of Control and Behavior," *Computers in Human Behavior* 39 (2014): 235–45.

6. S. J. Ahn, J. Fox, K. R. Dale, and J. A. Avant, "Framing Virtual Experiences: Effects on Environmental Efficacy and Behavior Over Time," *Communication Research* 42, no. 6 (2015): 839–63.

7. J. O. Bailey, J. N. Bailenson, J. Flora, K. C. Armel, D. Voelker, and B. Reeves, "The impact of vivid and personal messages on reducing energy consumption related to hot water use," *Environment and Behavior* 47, no. 5 (2015): 570–92.

8. "A History of the NOAA," *NOAA History*, http://www.history.noaa.gov/legacy/noaahistory_2.html, last modified June 8, 2006.

9. Intergovernmental Panel on Climate Change, http://www.ipcc.ch/.

10. Remarks from Woods Institute Speech: "Increasingly common experiences with extreme climate-related events such as the Colorado wildfires, a record warm spring, and preseason hurricanes have convinced many Americans climate change is a reality."

11. Daniel Grossman, "UN: Oceans are 30 percent more acidic than before fossil fuels," *National Geographic*, December 15, 2009, http://voices.national geographic.com/2009/12/15/acidification/.

12. Interview with the BBC.

13. Alan Sipress, "Where Real Money Meets Virtual Reality, the Jury Is Still Out," *Washington Post*, December 26, 2006.

第五章　VR是精神疗愈的时光机

1. Anemona Hartocollis, "10 Years and a Diagnosis Later, 9/11 Demons Haunt Thousands," *New York Times*, August 9, 2011.

2. "At the time of the WTC attacks, expert treatment guidelines for PTSD, which were published for the first time in 1999, recommended that CBT with imaginal exposure should be the first-line therapy for PTSD." JoAnn Difede et al., "Virtual Reality Exposure Therapy for the Treatment of Posttraumatic Stress Disorder Following September 11, 2001," *Journal of Clinical Psychiatry* 68 (2007): 1639–47.

3. Yael Kohen, "Firefighter in Distress," *New York Magazine*, 2005, http://nymag.com/nymetro/health/bestdoctors/2005/11961/.

4. Interview with JoAnn Defide.

5. JoAnn Defide and Hunter Hoffman, "Virtual Reality Exposure Therapy for World Trade Center Post-traumatic Stress Disorder: A Case Report," *Cyber-Psychology & Behavior* 5, no. 6 (2002): 529–35.

6. Ibid.

7. Author interview with JoAnn Difede.

8. JoAnn Defide et al., "Virtual Reality Exposure Therapy for the Treatment of Posttraumatic Stress Disorder Following September 11, 2001," *Journal of Clinical Psychiatry* 11 (2007): 1639–47.

第六章　VR帮助患者减轻疼痛

1. "Lower Back Pain Fact Sheet," *National Institute of Neurological Disorders*

and *Stroke*, http://www.ninds.nih.gov/disorders/backpain/detail_backpain .htm, last modified August 12, 2016.

2. Nora D. Volkow, "America's Addiction to Opioids: Heroin and Prescription Drug Abuse," paper presented at the Senate Caucus on International Narcotics Control, Washington, DC, May 14, 2014, https://www.drugabuse.gov/ about-nida/legislative-activities/testimony-to-congress/2016/americas-addiction-to-opioids-heroin-prescription-drug-abuse.

3. Dan Nolan and Chris Amico, "How Bad is the Opioid Epidemic?" *Frontline*, February 23, 2016, http://www.pbs.org/wgbh/frontline/article/how-bad-is-the-opioid-epidemic/.

4. Join Together Staff, "Heroin Use Rises as Prescription Painkillers Become Harder to Abuse," *Drug-Free*, June 7, 2012, http://www.drugfree.org/news-service/heroin-use-rises-as-prescription-painkillers-become-harder-to-abuse/.

5. Tracie White, "Surgeries found to increase risk of chronic opioid use," *Stanford Medicine News Center*, July 11, 2016, https://med.stanford.edu/ news/all-news/2016/07/surgery-found-to-increase-risk-of-chronic-opioid-use.html.

6. "Virtual Reality Pain Reduction," HITLab, https://www.hitl.washington.edu/ projects/vrpain/.

7. "VR Therapy for Spider Phobia," HITLab, https://www.hitl.washington.edu/ projects/exposure/.

8. Hunter G. Hoffman et al., "Modulation of thermal pain–related brain activity with virtual reality: evidence from fMRI," *Neuroreport* 15 (2004): 1245–48.

9. Ibid.

10. Yuko S. Schmitt et al., "A Randomized, Controlled Trial of Immersive Virtual Reality Analgesia during Physical Therapy for Pediatric Burn Injuries," *Burns* 37 (2011): 61–68.

11. Ibid.

12. Mark D. Wiederhold, Kenneth Gao, and Brenda K. Wiederhold, "Clinical Use of Virtual Reality Distraction System to Reduce Anxiety and Pain in Dental Procedures," *Cyberpsychology, Behavior, and Social Networking* 17 (2014): 359–65.

13. Susan M. Schneider and Linda E. Hood, "Virtual Reality: A Distraction Intervention for Chemotherapy," *Oncology Nursing Forum* 34 (2007): 39–46.

14. Tanya Lewis, "Virtual Reality Treatment Relieves Amputee's Phantom Pain," *Live Science*, February 25, 2014, http://www.livescience.com/43665-virtual-reality-treatment-for-phantom-limb-pain.html.

15. J. Foell et al., "Mirror therapy for phantom limb pain: Brain changes and the role of body representation," *European Journal of Pain* 18 (2014): 729–39.

16. A. S. Won, J. N. Bailenson, and J. Lanier, "Homuncular Flexibility: The Human Ability to Inhabit Nonhuman Avatars," *Emerging Trends in the Social and Behavioral Sciences: An Interdisciplinary, Searchable, and Linkable Resource* (Hoboken: John Wiley and Sons, 2015), 1–16.

17. A. S. Won, Jeremy Bailenson, J. D. Lee, and Jaron Lanier, "Homuncular Flexibilty in Virtual Reality," *Journal of Computer-Mediated Communication* 20 (2015): 241–59.

18. A. S. Won, C. A. Tataru, C. A. Cojocaru, E. J. Krane, J. N. Bailenson, S. Niswonger, and B. Golianu, "Two Virtual Reality Pilot Studies for the Treatment of Pediatric CRPS," *Pain Medicine* 16, no. 8 (2015): 1644–47.

第七章 社交回归网络的时代

1. Elisabeth Rosenthal, "Toward Sustainable Travel: Breaking the Flying Addiction," *environment360*, May 24, 2010, http://e360.yale.edu/feature/toward_sustainable_travel/2280/.

2. John Bourdreau, "Airlines still pamper a secret elite," *Mercury News*, July 31, 2011, http://www.mercurynews.com/2011/07/31/airlines-still-pamper-a-secret-elite/.

3. Ashley Halsey III, "Traffic Deaths Soar Past 40,000 for the First Time in a Decade," *Washington Post*, February 15, 2017.

4. Christopher Ingraham, "Road rage is getting uglier, angrier and a lot more deadly," *Washington Post*, February 18, 2015, https://www.washingtonpost.com/news/wonk/wp/2015/02/18/road-rage-is-getting-uglier-angrier-and-a-lot-more-deadly/.

5. "UN projects world population to reach 8.5 billion by 2030, driven by growth in developing countries," *UN News Centre*, July 29, 2015, http://www.un.org/apps/news/story.asp?NewsID=51526#.V9DVUJOUoo8.

6. Michael Abrash, "Welcome to the Virtual Age," *Oculus Blog*, March 31, 2016, https://www.oculus.com/blog/welcome-to-the-virtual-age.

7. W. S. Condon and W. D. Ogston, "A Segmentation of Behavior," *Journal of Psychiatric Research* 5 (1967): 221–35.

8. Adam Kendon, "Movement coordination in social interaction: Some examples described," *Acta Psychologica* 32 (1970): 101–25.

9. Adam Kendon, *Conducting Interaction: Patterns of Behavior in Focused Encounters* (Cambridge: Cambridge University Press, 1990), 114.

10. Clair O'Malley et al., "Comparison of face-to-face and video mediated interaction," *Interacting with Computers* 8 (1996): 177–92.

11. Marianne LaFrance, "Nonverbal synchrony and rapport: Analysis by the cross-lag panel technique," *Social Psychology Quarterly* 42 (1979): 66–70.

12. Andrea Stevenson Won et al., "Automatically Detected Nonverbal Behavior Predicts Creativity in Collaborating Dyads," *Journal of Nonverbal Behavior* 38 (2014): 389–408.

13. Scott S. Wiltermuth and Chip Heath, "Synchrony and Cooperation," *Psychology Science* 20 (2009): 1–5.

14. Philip Rosedale, "Life in Second Life," TED Talk, December 2008, https://www.ted.com/talks/the_inspiration_of_second_life/transcript?language=en.

15. "Just How Big is Second Life?—The Answer Might Surprise You [Video Infographic]," YouTube video, 1:52, posted by "Luca Grabacr," November 3, 2015, https://www.youtube.com/watch?v=55tZbq8yMYM.

16. Dean Takahashi, "Second Life pioneer Philip Rosedale shows off virtual toy room in High Fidelity," *Venture Beat*, October 28, 2015, http://venturebeat.com/2015/10/28/virtual-world-pioneer-philip-rosedale-shows-off-virtual-toy-room-in-high-fidelity/.

17. Ibid.

18. J. H. Janssen, J. N. Bailenson, W. A. IJsselsteijn, and J. H. D. M. Westerink, "Intimate heartbeats: Opportunities for affective communication technology," *IEEE Transactions on Affective Computing* 1, no. 2 (2010): 72–80.

19. A. Haans and A. I. Wijnand, "The Virtual Midas Touch: Helping Behavior After a Mediated Social Touch," *IEEE Transactions on Haptics* 2, no. 3 (2009): 136–40.

20. Tanya L. Chartrand and John A. Bargh, "The Chameleon Effect: The Perception-Behavior Link and Social Interaction," *Journal of Personality and Social Psychology* 76, no. 6 (1999): 893–910.

21. David Foster Wallace, *Infinite Jest* (Boston: Little, Brown, 1996), 146–49.

22. S. Y. Oh, J. N. Bailenson, Nicole Kramer, and Benjamin Li, "Let the Avatar Brighten Your Smile: Effects of Enhancing Facial Expressions in Virtual Environments," *PLoS One* (2016).

第八章　VR增强了新闻的叙事能力

1. Susan Sontag, *Regarding the Pain of Others* (New York: Farrar, Straus and Giroux, 2003), 54.

2. Jon Peddie, Kurt Akeley, Paul Debevec, Erik Fonseka, Maichael Mangan, and Michael Raphael, "A Vision for Computer Vision: Emerging Technologies," July 2016 SIGGRAPH Panel, http://dl.acm.org/citation.cfm?id=2933233.

3. Zeke Miller, "Romney Campaign Exaggerates Size of Nevada Event with Altered Image," *Buzzfeed*, October 26, 2012, https://www.buzzfeed.com/zekejmiller/romney-campaign-appears-to-exaggerate-size-of-neva.

4. Hillary Grigonis, "Lytro Re-Creates the Moon Landing to Demonstrate Just What Light-field VR Can Do," *Digital Trends*, August 31, 2016, http://www.digitaltrends.com/virtual-reality/lytro-immerge-preview-video-released/.

5. "One Dark Night," *Emblematic*, https://emblematicgroup.squarespace.com/#/one-dark-night/.

6. Adi Robertson, "Virtual reality pioneer Nonny de la Peña charts the future of VR journalism," *The Verge*, January 25, 2016, http://www.theverge.com/2016/1/25/10826384/sundance-2016-nonny-de-la-pena-virtual-reality-interview.

7. The history of how cinematic storytelling evolved from the silent film era through the early talkies is told in the documentary *Visions of Light* (Kino International, 1992), directed by Arnold Glassman, Todd McCarthy, and Stuart Samuels.

第九章　反向实景教学

1. "joan ganz cooney," *Sesame Workshop*, http://www.sesameworkshop.org/about-us/leadership-team/joan-ganz-cooney/.

2. Keith W. Mielke, "A Review of Research on the Educational and Social Impact of *Sesame Street*," in *G Is for Growing: Thirty Years of Research on Children*

and Sesame Street, ed. Shalom M. Fisch and Rosemarie T. Truglio (Mahwah, NJ: Lawrence Erlbaum Associates, 2001), 83.

3. Daniel L. Schwartz and John D. Bransford, "A Time for Telling," *Cognition and Instruction* 16 (1998): 475–522.

4. Chris Dede, "Immersive Interfaces for Engagement and Learning," *Science* 323 (2009): 66–69.

5. S. J. Metcalf, J. Clarke, and C. Dede, "Virtual Worlds for Education: River City and EcoMUVE," *Media in Transition International Conference,* MIT, April 24–26, 2009.

6. Roxana Moreno and Richard E. Mayer, "Learning Science in Virtual Reality Multimedia Environments: Role and Methods and Media," *Journal of Educational Psychology* 94, no. 3 (September 2002): 598–610.

7. "the small data lab @CornellTech," http://smalldata.io/.

8. Andrea Stevenson Won, Jeremy N. Bailenson, and Joris H. Jannsen, "Automatic Detection of Nonverbal Behavior Predicts Learning In Dyadic Interactions," *IEEE Transactions On Affective Computing* 5 (2014): 112–25.

9. J. N. Bailenson, N. Yee, J. Blascovic, and R. E. Guadagno, "Transformed Social Interaction in Mediated Interpersonal Communications," from *Mediated Interpersonal Communications* (New York, Routledge, 2008), 75–99.

10. Ivan E. Sutherland, "The Ultimate Display," in *Proceedings of the IFIP Congress*, ed. Wayne A. Kalenich (London: Macmillan, 1965), 506–8.

11. Andries Van Dam, Andrew S. Forsberg, David H. Laidlaw, Joseph J. LaViola Jr., and Rosemary M. Simpson, "Immersive VR for Scientific Visualization: A Progress Report," *IEEE Computer Graphics and Applications* 20, no. 6 (2000): 26–52.

第十章　如何设计好的VR内容？

1. Google Trends, https://www.google.com/trends/explore?date=today%203-m&q=vr%20porn.